안테나 고속측정시스템 유효성 검증 연구

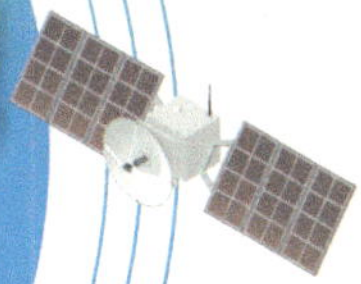

국립전파연구원

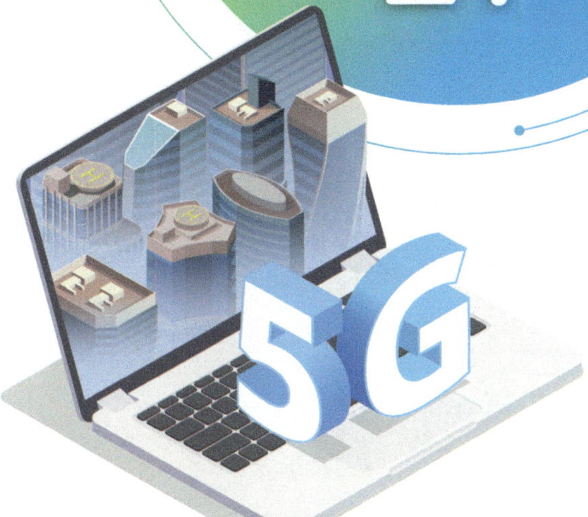

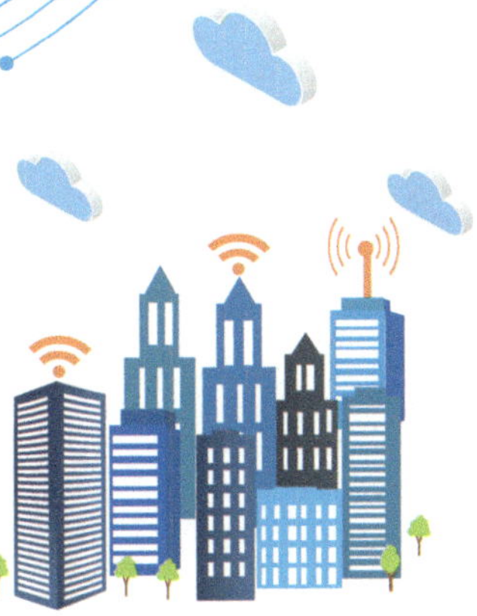

Jinhan M&B

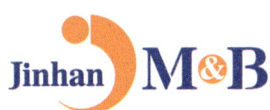

요 약 문

최근 모바일 트래픽 증가 및 데이터 전송률 증가에 따라 세계 여러 나라에서는 밀리미터파 대역에 5G 이동통신 서비스를 적용하고자 하는 분위기가 조성되었다. 하지만 밀리미터파 대역은 높은 전송 손실 등의 문제를 가지고 있어 이동통신 서비스로 사용하기 위해 다수의 안테나를 배열하여 온-칩(On-Chip) 형태로 집적한 모듈형 대용량 빔포밍 안테나를 적용한 제품이 개발되는 추세이다. On-Chip 형태로 개발되는 제품은 분리 측정이 어렵기 때문에 제품인증을 위한 전자파 적합성 시험에서는 실제 통신환경에서의 방사 성능을 검증하는 OTA(Over-The-Air)와 같은 새로운 측정방법이 도입되었다. 이러한 OTA 시험은 현재 시험기관에서 사용하고 있는 간접 원역장 측정방식인 CATR(Compact Antenna Test Range) 시스템에서 5G 기자재 인증 시험에 상당한 시간이 소요되고 있으며, 특히 기지국 측정에 있어 최대 빔 방향에서의 총방사전력(TRP: Total Radiated Power) 측정 결과를 도출하기 위해서는 200시간 이상 소요되는 문제점을 가진다. 이러한 문제를 해결하고자 국립전파연구원에서는 지난 3년간('19~'21) '신기술 적용 안테나 고속측정 기술개발' 사업을 통해 5G 방송통신기자재 고속측정시스템을 개발하였다. 본 보고서에서는 국제표준화를 통한 관련 기술을 국내기업에 이전하고 산업화를 추진하기 위해 현재 시험기관에서 사용하고 있는 CATR 시스템과 개발한 고속측정시스템 간 상호비교를 통한 유효성 검증연구를 수행하고 관련 결과를 기술하고자 한다.

1장에서는 연구배경 및 3GPP 등에서 논의하고 있는 5G 방송통신기자재 검증을 위한 최신동향을 소개한다. 2장에서는 5G 방송통신기자재의 인증시험을 위해서 시험소에서 구축하여 사용중인 CATR 챔버에 대한 시험장 평가 방법 등 세부사항과 관련 시험방법, '20년도에 이천센터에 구축한 스위칭 매트릭스(matrix)를 이용한 고속측정시스템, '21년도 나주에 구축한 수신기-프로브 일체형 모듈은 적용한 고속측정시스템 연구개발 내용을 서술한다. 3장에서는 이천센터 및 나주 본원에 구축된 고속측정시스템의 유효성 검증을 위해 기존에 사용하고 있는 CATR 측정시스템과 상호비교하기 위하여 28㎓ 대역에서 동작하는 8x10 패치 어레이 안테나 시료 제작하였다. 그리고 각각의 측정 시스템으로 측정하여 그 결과를 상호비교 분석하였다. 4장에서는 5G 기자재 적합성평가 시간단축에 대한 고속측정시스템 및 방법을 3GPP RAN4에 기고하여 작업아이템으로 선정된 내용을 기술한다.

마지막 장에서는 연구원에서 향후 추진예정인 '안테나 고속측정 기술개발 고도화 사업' 계획에 대해 기술한다. 향후 연구원에서는 국내표준에서 제시하는 5G 기자재 전체 인증항목에 대한 고속측정시스템을 개발·검증하여 3GPP 등 국제표준문서에 등재하고 국내기업에 관련 기술을 이전·보급 등 산업화 추진할 계획이다.

목 차

제1장 서론 ··· 1
제1절 연구배경 ··· 1
제2절 안테나 배열 이론 및 측정기술 조사 ······························ 1
제3절 5G 기자재 측정 표준화 동향 조사 ································ 6

제2장 CATR 및 안테나 고속측정시스템 ··························· 19
제1절 CATR 시험장 동작 원리 ··· 19
제2절 CATR 시험장 적합성 평가 및 분석 ···························· 25
제3절 이천센터 구축 안테나 고속측정시스템 ························ 34
제4절 나주 본원 구축 안테나 고속측정시스템 ······················· 43

제3장 시스템 유효성 검증을 위한 상호비교 시험 ············· 55
제1절 제작한 패치 배열 안테나 ··· 55
제2절 CATR 챔버를 사용한 안테나 측정 ···························· 56
제3절 이천센터 구축 고속측정시스템 유효성 검증 ················· 58
제4절 나주 본원 구축 고속측정시스템 유효성 검증 ················ 63

제4장 2022년도 3GPP 표준활동 결과 ······························ 69
제1절 3GPP 기고서 발표 및 작업아이템(WI) 선정 ················· 69

제5장 맺음말 ·· 75

참고문헌 ·· 76

표 목 차

⟨표 1.2.1⟩ 원역장과 근역장 측정법 비교 ·· 5
⟨표 1.3.1⟩ 3GPP OTA 주요 측정 파라미터 ·· 8
⟨표 1.3.2⟩ 기존 LTE의 전도시험과 UE에 대한 OTA 측정시간 ················ 10
⟨표 1.3.3⟩ TR 38.810에서 규정하는 4가지 측정방법 ······························ 11
⟨표 1.3.4⟩ CATR과 DFF의 성능 비교 ·· 14
⟨표 1.3.5⟩ 각 측정방법들에 대한 측정 파라미터 적용 ···························· 15

⟨표 2.1.1⟩ 이천센터 보유 코러게이트 혼 안테나 ···································· 22

⟨표 2.3.1⟩ 신기술 적용 안테나 고속측정시스템 2차년도 규격 ················ 35
⟨표 2.3.2⟩ 신기술 적용 안테나 고속측정시스템 2차년도 규격 ················ 41
⟨표 2.3.3⟩ 수신부 구성품 ·· 41

⟨표 2.4.1⟩ 프로브-수신기 모듈 적용 고속측정시스템 규격 ······················ 43
⟨표 2.4.2⟩ 전체 기계부 및 구동부 장치 규격 ·· 45
⟨표 2.4.3⟩ AUT 장착 포지셔너 시스템 규격 ·· 47

⟨표 3.3.1⟩ 위치별 안테나 이득 특성 결과 ·· 63
⟨표 3.4.1⟩ 5G 시험시스템 간 상호 비교 결과 ······································ 64

⟨표 4.1.1⟩ 세 가지 방법 간의 측정시간 비교 ·· 71

그 림 목 차

[그림 1.2.1] 안테나 방사 거리 별 필드 경계 ·· 3
[그림 1.2.2] 안테나 원역장 측정시설 ··· 4
[그림 1.2.3] 안테나 근역장 측정시설 ··· 4

[그림 1.3.1] 5G RAT의 요구사항 ·· 6
[그림 1.3.2] 5G 측정기술의 특징 ·· 7
[그림 1.3.3] 각 시험방법에 대한 3가지 유형의 DUT 안테나 적용 가능성 ········ 11
[그림 1.3.4] DFF ·· 12
[그림 1.3.5] DFF의 측정방법 ·· 12
[그림 1.3.6] 새로운 DFF 측정방법 ·· 12
[그림 1.3.7] 'D'에 따른 전자파 무반사실 크기 및 Path loss의 변화 ············· 13
[그림 1.3.8] IFF측정방법 ·· 13
[그림 1.3.9] NFTF의 원리 ·· 14

[그림 2.1.1] CATR 평면파 형성 개념도 ·· 20
[그림 2.1.2] 반사경 정렬 상태 검증 ·· 20
[그림 2.1.3] 급전타워 정력 상태 검증 ·· 21
[그림 2.1.4] 코러게이트 혼 안테나 ·· 21
[그림 2.1.5] QZ에서의 진폭 테이퍼와 리플 규격 도시 ·································· 24
[그림 2.1.6] 중앙급전 단일 반사경을 갖는 CATR 구조 ································ 25

[그림 2.2.1] CATR 평탄도 측정장치 ··· 26

[그림 2.2.2] CATR 챔버 내에 설치된 평탄도 측정장치·································· 27

[그림 2.2.3] 평탄도 측정장치 수평조절··· 28

[그림 2.2.4] 평탄도 측정장치 앞/뒤 기울어짐 정렬 점검···························· 28

[그림 2.2.5] 평탄도 측정장치 및 측정장비··· 29

[그림 2.2.6] 평탄도 측정장치 ϕ = 0°일 때 진폭 및 위상···························· 30

[그림 2.2.7] 평탄도 측정장치 ϕ = 90°일 때 진폭 및 위상·························· 30

[그림 2.2.8] 평탄도 측정장치 ϕ = 180°일 때 진폭 및 위상························ 30

[그림 2.2.9] 평탄도 측정장치 ϕ = 270°일 때 진폭 및 위상························ 30

[그림 2.2.10] CATR QZ 측정 횡단면·· 31

[그림 2.2.11] CATR QZ 측정 횡단면(후면, 수직 편파)···························· 31

[그림 2.2.12] CATR QZ 측정 횡단면(후면, 수평 편파)···························· 32

[그림 2.2.13] CATR QZ 측정결과(후면)·· 32

[그림 2.2.14] CATR QZ 측정 횡단면(중간면, 수직 편파)························· 32

[그림 2.2.15] CATR QZ 측정 횡단면(중간면, 수평 편파)························· 33

[그림 2.2.16] CATR QZ 측정결과(중간면)·· 33

[그림 2.2.17] CATR QZ 측정 횡단면(앞면, 수직 편파)···························· 33

[그림 2.2.18] CATR QZ 측정 횡단면(앞면, 수평 편파)···························· 34

[그림 2.1.19] CATR QZ 측정결과(앞면)·· 34

[그림 2.3.1] 기계부 형상 프레임 구조··· 37

[그림 2.3.2] 아크 프레임 형상 및 제원·· 37

[그림 2.3.3] 구동부 형상 및 구성·· 38

[그림 2.3.4] 시스템에 적용한 쿼드리지드 프로브 형상······························ 39

[그림 2.3.5] 프로브 배치 형상·· 39

[그림 2.3.6] RF 채널 구성··· 10

[그림 2.4.1] 전체 측정시스템 구성 ·· 44
[그림 2.4.2] 프로브가 체결된 기구 및 구동부 구성 ····································· 45
[그림 2.4.3] 아크 프레임 구조 및 제작 형상 ·· 46
[그림 2.4.4] 구동부 형상 및 구성 ·· 47
[그림 2.4.5] 포지셔너 시스템 구성 ·· 48
[그림 2.4.6] 고니어미터 구동 범위(±2°) ·· 48
[그림 2.4.7] 방위각 포지셔너 및 세부 구조 ·· 48
[그림 2.4.8] 원형구조물 프레임 조립 형상 ··· 49
[그림 2.4.9] 프로브-수신기 장착 ·· 49
[그림 2.4.10] 프로브 안테나 기계적 정렬 ·· 50
[그림 2.4.11] 전파흡수체 모델 ·· 51
[그림 2.4.12] 측정시스템 전파흡수체 시공 형상 ··· 51

[그림 3.1.1] 제작한 8x10 패치 배열 안테나 ·· 55
[그림 3.2.1] CATR 챔버에서 패치 배열 안테나 측정 ································· 56
[그림 3.2.2] CATR 챔버에서 안테나 패턴 측정결과 ··································· 57

[그림 3.3.1] 이천센터 고속측정시스템에서 안테나 측정 ····························· 58
[그림 3.3.2] 이천센터 고속측정시스템 안테나 패턴 측정결과 ····················· 59
[그림 3.3.3] 고속측정시스템 QZ 분석 ·· 60
[그림 3.3.4] 고속측정시스템 QZ 분석 측정 결과 ··· 63

[그림 3.4.1] 나주 본원 고속측정시스템에서 안테나 측정 ··························· 64
[그림 3.4.2] 나주 본원 고속측정시스템 안테나 패턴 측정결과 ··················· 65

[그림 4.1.1] 스위치 매트리스를 적용한 MPAC ·· 70
[그림 4.1.2] 프로브-수신기 일체형 모듈을 사용한 MPAC ·························· 71

제1장
서론

National Radio Research Agency

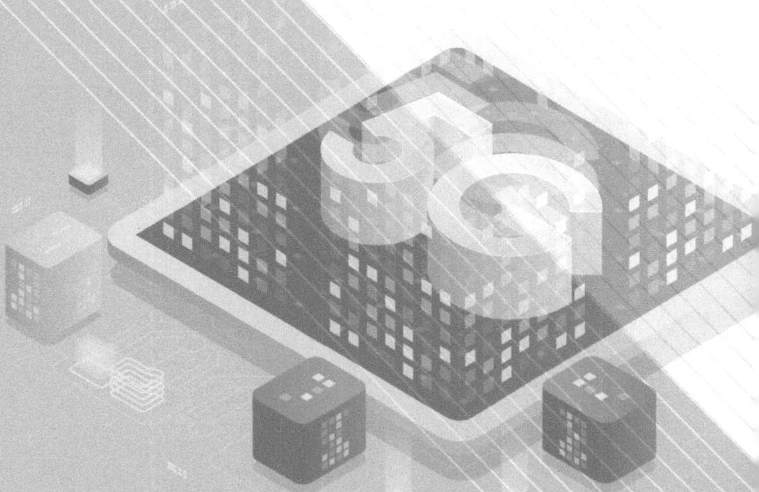

제1장 서 론

제 1절. 연구배경

현대사회에서는 모바일 트래픽 증가 및 대용량 데이터 전송 등 전파자원의 수요가 급증함에 따라 세계 각국에서는 밀리미터파 대역(28 ㎓대역 5G)의 새로운 이동통신 서비스 상용화를 추진중에 있다. 28 ㎓대역의 밀리미터파 방송통신기자재에는 채널용량 증대 및 주파수 사용률 향상을 위해 여러개의 안테나를 배열하여 사용하는 빔포밍 기술을 적용하고 있다. 특히, 밀리미터파 이상 주파수 범위에서는 칩과 안테나가 일체화된 모듈 형태로 개발되는 추세이기 때문에 기존(4G LTE 등)에 주로 사용하고 있는 전도측정이 불가능하다. 특히, 빔포밍 기술은 다수의 안테나 빔을 사용하기 때문에 정확한 최대 빔 방향을 찾기 위한 시험·측정에 장시간 소요되는 문제점을 가지고 있어 5G 기자재의 신속한 시험방법 개발이 요구되었다. 이에 국립전파연구원에서는 여러개의 프로브를 이용하여 수집한 근역장 측정결과(진폭, 위상)를 원역장 측정결과로 변환하는 NFTF (Near Field to Far Field Transform) 방식을 적용한 안테나 고속측정 기술개발 사업을 추진하여 세계최초로 고속측정시스템 개발에 성공하였다. 개발된 시스템을 인증시험에 활용하고 산업화 하기 위해서는 현재 3GPP 표준문서를 준용하여 여러 시험기관에서 사용하고 있는 간접 원역장 측정 방식인 CATR(Compact Antenna Test Range) 시스템과의 개발된 고속측정시스템 간의 상호비교 검증연구가 필요하다. 왜냐하면, 글로벌 대형 장비제조사에서는 새로운 장비를 개발하면 기존 장비와 동일 또는 우수한 결과를 도출할 수 있다는 연구결과를 3GPP 등 국제표준단체에 발표하고 표준화를 통해 본격적으로 판매하고 있다. 따라서, 개발된 5G 고속측정시스템이 5G 기자재 적합성평가 시험에 유효하다는 것을 검증하과 관련결과를 국제표준문서에 반영하는 작업은 반드시 수행해야 한다. 시스템 간 상호비교 검증에 앞서, 검증에 사용하는 배열 안테나 이론 및 측정이론을 소개하고 현재 3GPP 및 국내표준에서 논의되고 있는 5G 방송통신기자재 시험 기술동향을 살펴보고자 한다.

제2절 안테나 배열 이론 및 측정기술 조사

1.2.1. 안테나 배열 이론

배열 안테나는 원하는 방향으로의 최대 방사패턴(Radiation Pattern)을 얻기 위하여 단일 안테나 소자를 동시에 2개 이상 배열하여 사용되는 기술이다. 안테나 방사 소자를 일직선상에 배열되는 선형배열(Linear array)하는 방식과 안테나 방사 소자를 평면상에 균일하게 배열되는 평면배열(Planar array), 그리고 원형의 원주에 배열되는 원형배열(Ring array) 등의 배열 방법을 사용하고 있다. 기본적으로 안테나는 안테나 유효면적 또는 개구면이 커질수록 안테나의 이득이 증가하며 빔 폭이 좁은 방사패턴을 생성할 수 있다. 안테나의 이득은 안테나의 배열 소자 개수가 2배씩 증가할 때마다 3 dB씩 증가한다(예를 들어, 안테나 소자가 2개에서 4개로 증가 시, 안테나 이득은 3 dB 증가). 배열 안테나에서 중요한 파라미터는 안테나의 배열 구조, 소자 간의 배열 간격, 각각의 소자들의 전압 세기 및 위상, 단일 소자의 방사패턴 특성을 고려해야 하며, 배열 안테나의 전체 전기장(E_{array})은 단일 소자의 전기장($E_{element}$)에 배열 팩터(AF: Array Factor)를 곱한 값과 같다.

$$E_{array} = E_{element} \times AF = \cos\theta \times 2\cos\left[\frac{1}{2}(kd\cos\theta + \beta)\right] \quad (1)$$

여기서

$$E_{element} = \cos\theta \quad (2)$$

$$AF = 2\cos\left[\frac{1}{2}(kd\cos\theta + \beta)\right] \quad (3)$$

와 같이 나타낼 수 있으며, 배열 안테나의 각 소자에 급전되는 위상을 변형함으로써 지향각0을 원하는 방향으로 조절(tilting, 틸팅)할 수 있으며 각 소자 간의 위상 차이는 β로 표현된다. 여기서, 배열 안테나의 각 소자에 급전되는 신호 크기를 변형함으로써 방사패턴의 SLL(Side Lobe Level)을 조절할 수 있다. 일반적으로 모든 안테나 소자에 동일한 크기와 위상의 전력을 인가 시 안테나의 SLL은 -13.3 dB이며, 배열 안테나의 방사패턴에서 형성되는 부엽의 개수는 배열 안테나의 소자 개수와 동일하다. 배열 안테나의 전체 전기장은 단일 소자의 전기장에 배열 팩터(AF)를 곱한 값과 같음을 알 수 있다.

위상 배열 안테나(phased array antenna)는 안테나 소자 간 위상 차이를 전자적으로 제어하여 안테나 빔을 특정 방향으로 조향할 수 있으며, PESA(passive electronically scanned array)는 각 소자에서 전자적으로 제어되는 위상 반위기를 장착하여 고속으로 빔 조향이 가능하다. 또한, AESA(active electronically scanned array)는 각 소자에 송수신기를 설치하여 고속으로 빔 조향 및 다중 빔 제어가 가능하다.

1.2.2. 안테나 측정기술

안테나 측정기술은 아래와 같은 필드 경계를 기준으로 분석방법이 결정된다. 먼저 [그림 1.2.1]에서 보여주는 바와 같이, 원역장 영역 Far-field region(Fraunhofer region)을 살펴보면 $R \geq 2D^2/\lambda$ (Rayleigh 조건)이다. 여기서, D는 안테나 지름을 나타내며, 통상적으로 완제품의 경우 제품의 대각선 길이를 안테나 지름으로 결정된다.

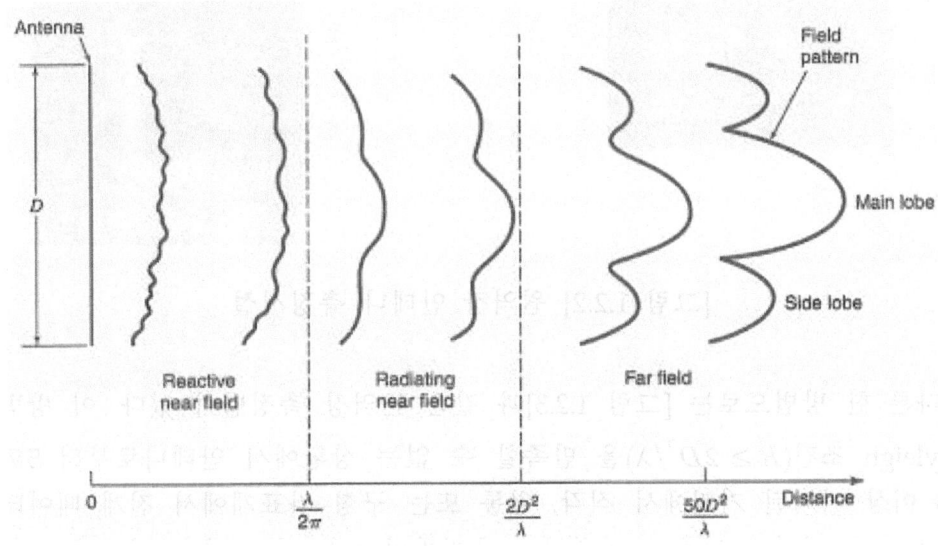

[그림 1.2.1] 안테나 방사 거리 별 필드 경계
(출처: Antennas for all applications, 3rd Ed., Kraus)

다음으로는 $2D \leq R \leq 2D^2/\lambda$ 경계조건(Radiating near field region)에서는 프레넬장(또는 프레즈넬장) 측정기술이 적용되며, $3\lambda \leq R \leq 10\lambda$ 경계조건(Reactive near field region)에서는 근역장 측정기술 적용된다. 특히, 안테나 측정법은 직접법(DFF: Direct Far Field)과 간접법(IFF: Indirec Far Field)으로 크게 나뉘며 원역장 측정법은 [그림 1.2.2]와 같이 직접법으로 분류되어 측정과 동시에 안테나 특성을 결정지을 수 있다. 따라서, 원역장 측정법은 Rayleigh 조건 ($R \geq 2D^2/\lambda$)을 만족하는 거리 만큼 소스(Source) 안테나와 피 측정 안테나(AUT)를 이격시켜 측정하면 360° 스캐닝을 통해 원역장 결과를 바로 얻을 수 있어 추가적인 변환 공식을 적용할 필요가 없다. 하지만, Rayleigh 조건을 만족하기 위한 챔버(무반사실)의 크기가 중대형이기 때문에 고가의 챔버 구축비용과 설치공간이 요구된다는 단점이 있다.

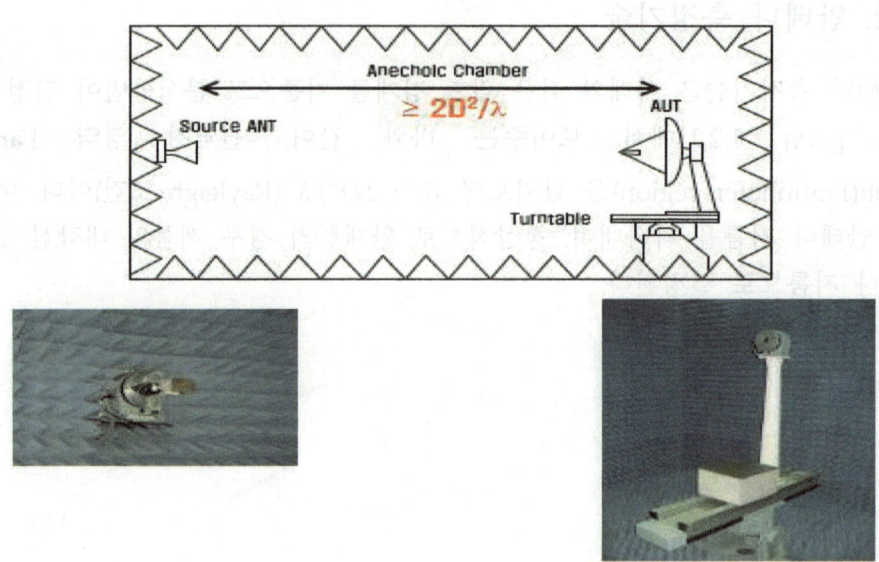

[그림 1.2.2] 원역장 안테나 측정시설

다른 한 방법으로는 [그림 1.2.3]과 같은 근역장 측정법이 있다. 이 방법은 Rayleigh 조건($R \geq 2D^2/\lambda$)을 만족할 수 없는 상황에서 안테나로부터 5파장 (λ) 이상 이격된 거리에서 직각, 원통 또는 구형 좌표계에서 전계 데이터를 획득한 후 원역장 값으로 변환하는 측정방법이다. 이는 다수 경로의 스캐닝 (데이터 수집)이 필요하므로 측정시간은 원역장 측정법에 비교하여 상대적으로 많이 소요된다. 하지만, 안테나 측정 거리가 수미터 이상 요구되는 5G 방송통신 기자재의 경우 효율적인 측정방법이며, 여러개의 프로브 안테나를 사용할 경우 측정시간을 대폭 줄일 수 있다. 최근 근역장에서 원역장으로 변환하는 NFTF 법은 수년간의 연구 논문을 통하여 높은 정확도가 증명되고 있으며, 원역장법과 근역장법의 자세한 비교는 <표 1.2.1>에 나타내었다.

[그림 1.2.3] 안테나 근역장 측정시설

<표 1.2.1> 원역장과 근역장 측정법 비교

항목	원역장	근역장
설치공간	대	중
건설비용	대	중
특수장비	무반사실	무반사실
편의도	대	대
시험환경	양호	양호
잡음	소	소
정확도	대	대
자료처리	불필요	필요
제한 요소	흡수체 크기	안테나 크기
제한 주파수	저주파	저주파

다음은 안테나 이득 산출을 위한 몇 가지 측정기술을 소개한다. 먼저 이득 비교법은 이미 이득을 알고 있는 안테나와의 상대적인 값의 차이로부터 값을 추출하는 안테나 이득 비교 방법이다. 이 방법은 동일 송신 안테나에 대하여 동일 거리에서 이득을 알고 있는 기준 안테나(reference antenna)와 이득을 측정하고자 하는 안테나(AUT: Antenna Under Test)의 수신 레벨 차이를 측정함으로써 쉽게 안테나의 이득을 측정할 수 있다.

안테나 이득을 산출하는 대표적인 방법은 3-안테나 법(TAM: Three-Antenna Method)이 있다. 3-안테나 측정법은 3개의 안테나를 사용하여 안테나 간 공간 삽입손실(Site Insertion Loss, SIL)을 측정하여 연립방정식을 통해 안테나 이득을 계산하는 방법으로 3개의 안테나 특성을 모르더라도 측정이 가능한 방법이다. 이 방법에 대해 간략히 설명하면 다음과 같다.

3개의 안테나를 각각 A, B, C라 하고 각각의 이득을 G_A, G_B, G_C라고 하면 A와 B의 측정에 의해 G_A와 G_B의 곱을 구하고 A와 C의 측정에 의해 G_A와 G_C의 곱을 구하고 마지막으로 B와 C의 측정에 의해 G_B와 G_C의 곱을 구하게 되어 3개의 미지수 G_A, G_B, G_C에 대한 3개의 연립방정식을 계산하여 3개의 안테나 이득 산출이 가능하다.

제3절 5G 기자재 측정 표준화 동향 조사

3GPP TR38.303에서는 LTE 서비스와 달리 대표적인 5G RAT(New Radio Access Technology)의 요구사항은 크게 mMTC (massive Machine Type Communication: 대규모 기기 간 통신 서비스), UR/LL (Ultra-Reliable & Low Latency Communication: 초신뢰/초저지연 통신 서비스), eMBB (enhanced Mobile BroadBand: 초광대역 이동통신 서비스) 3가지로 [그림 1.3.1]과 같이 분류하고 있다.

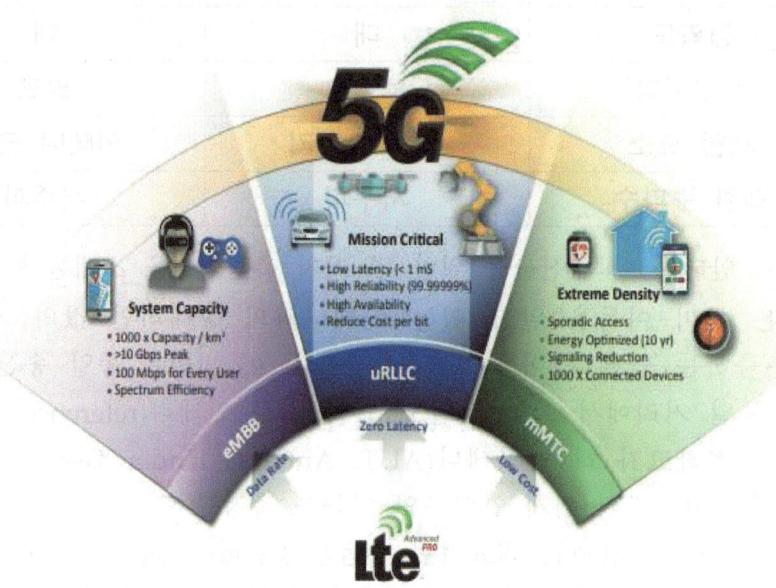

[그림 1.3.1] 5G RAT의 요구사항

하지만, 이러한 RAT의 적용으로 인하여 5G 무선통신에 사용되는 DUT(Device under tset)는 [그림 1.3.2]와 같이 기존 통신용(~4G LTE)에 사용되는 DUT(Type 1-C)와는 다르게 다수의 안테나를 배열하여 빔을 제어하는 빔포밍 안테나를 사용한다. 현재 Sub-6 ㎓ FR1에 사용되는 5G DUT(Type 1-H)의 경우, 안테나 포트가 따로 분리되어 있어 탭 커넥터로 전도시험(conducted test)이 가능하지만 above-6 ㎓ FR2(28 ㎓ 등의 mmWave)대역 부품들은 대부분 안테나, RF-front-end, ADC/DAC, 모뎀이 결합된 AiP (Antenna in package) 방식의 일체형 모듈로 제작되어 전도시험으로 측정하는 방식은 거의 불가능하다. 따라서, 이렇게 구성된 DUT(Type 1-O, 2-O)의 경우 방사시험인 OTA(Over-The-Air) 도입이 필수적이다. 이번 절에서는 현재 3GPP에서 규정하고 있는 OTA의 주요파라미터를 설명하고, UE(User Equipment: 단말기)의 OTA 측정방법 및 BS(Base Station: 기지국)에 대한 OTA 측정방법에 대해 간략히 기술하고자 한다.

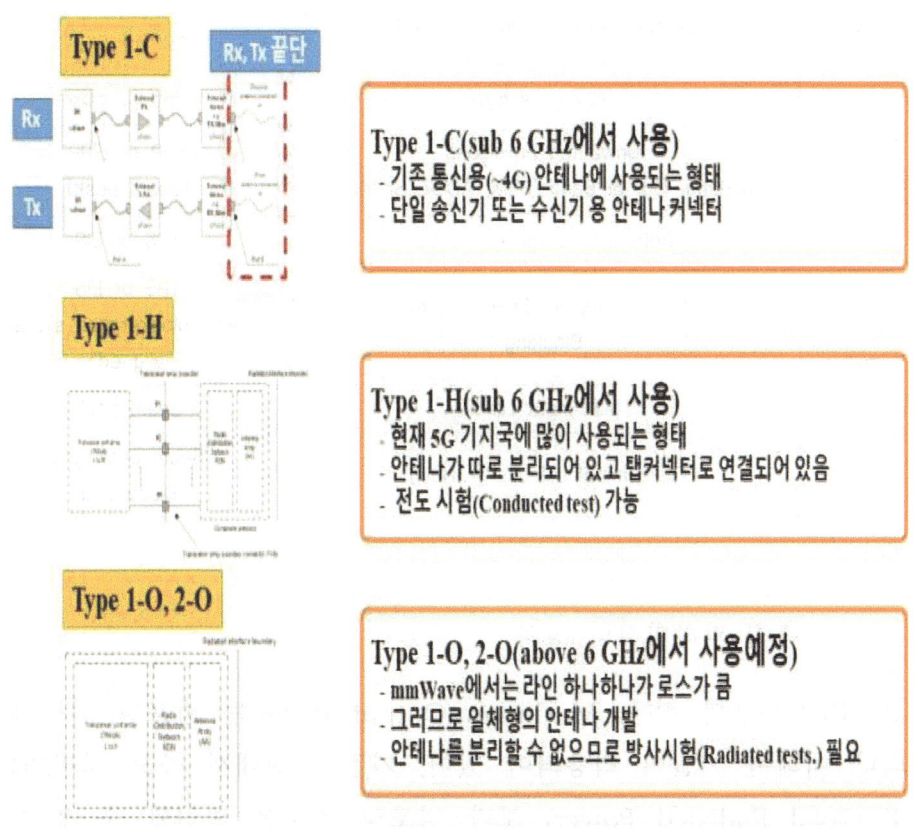

[그림 1.3.2] 5G 측정기술의 특징

1.3.1 밀리미터파 OTA 주요 측정 파라미터

3GPP TR 38.803에서는 RF 송신(Tx)과 수신(Rx) 측정 파라미터에 대해 소개하고 있다. 여기서 '16년도 11월에 WF R4-1610620은 5G NR RF parametric 시험 항목을 정의하는데 있어 기준이 되는 보고서에서는, 크게 송신 신호에 대한 품질 및 주변에 대한 영향 평가 항목과 단말기 수신감도 항목으로 구성되어 있으며, 3GPP에서는 OTA 주요 측정 파라미터를 <표 1.3.1>과 같이 요구하고 있다.

<표 1.3.1> 3GPP OTA 주요 측정 파라미터

구분	측정파라미터	측정방법
Tx	Maximum Output Power Minimum Output Power	TRP or EIRP
	P_{cmax}, ON/OFF mask, Power control	TRP or EIRP
	Maximum Power Reduction(MPR), Additional-MPR	TRP or EIRP
	Occupied BW	TRP or EIRP
	Unwanted Emissions (In Band, Out of Band, SEM, ACLR, Spurious)	TRP or EIRP (Beam peak)
Rx	Reference Sensitivity Level	TRS or EIS
	Adjacent Channel Selectivity(ACS), Blocking	TRS or EIS (with blocker and signal aligned)
	Max Input Level	Beam peak
	In-channel selectivity [New]	Beam peak and Discussing

① Tx 측정 파라미터의 정의

5G RF시스템의 경우, Maximum Output Power는 빔포밍 기능이 있는 안테나 어레이 기술이 적용되어 있어, 기존 통신에서 중요 파라미터였던 TRP (Total Radiated Power) 보다 빔포밍 기능을 확인할 수 있는 EIRP (Effective Isotropic Radiated Power)의 측정방법이 적용된다. 여기서 EIRP는 기존의 송신 power의 의미에서 Directivity를 추가한 개념으로 안테나의 송신부가 대상 수신부에 일치하는 방향성을 가진 power의 크기를 의미한다. TRP는 전방향의 EIRP를 평균한 값이다.

Minimum Output Power는 DUT의 전력이 최소값으로 설정되어 있을 시 테스트 요구 조건에 명시된 범위 내로 송신 전력을 제공하는지 확인한다.

Pcmax는 허용된 최대출력 전력을 넘지 않는 범위에서 최소송신전력으로 통신 가능한 출력 전력을 내도록 전력 제어가 원활하게 이루어지는지 확인한다.

Maximum Power Reduction은 높은 차수의 변조방식을 사용할 경우 DUT의 송신전력을 감소 시켜주는 기능의 동작을 확인한다.

Occupied BW은 할당된 주파수 채널 상에서 전송된 스펙트럼 중 99% 평균전력을 포함하는 스펙트럼 대역폭을 측정하는 것으로 점유대역폭이 채널 대역폭보다 작아 인접 채널에 영향을 미치지 않음을 확인한다.

Unwanted Emissions로 고려되어야 하는 측정항목은 주파수 간, 기기간의 EMI 가능성을 방지하기 위한 관련된 시험항목들이며 다음과 같다.

1) in-band emissions은 통신에 할당되지 않은 in-band 내의 resource block에서 발생하는 방해 신호를 측정
2) Out-of-band emissions은 바로 인접한 채널에 영향을 미칠 수 있는 불요방사 신호를 측정하며, ACLR(Adjacent Channel Leakage Ratio)과 SEM(Spectrum Emission Mask)은 Out-of-band emissions의 일부분이다.
    - ACLR 은 채널 대역폭 전체에 대한 불요방사를 확인
    - SEM은 주파수 포인트 별로 불요방사를 확인

EVM(Error Vector Magnitude)는 기준 waveform과 DUT의 측정 waveform 차이를 측정하는 것으로, 송신기의 신호 품질과 관련 시험항목이며 BEAM PEAK로 측정하는데 BEAM PEAK는 DUT가 송신할 수 있는 모든 Beam power의 크기 중 가장 큰 Beam으로 정의되며 이는 DUT에 영향을 줄 수 있는지와 최대 출력의 상황에서 신호 품질을 유지하는가에 대한 평가를 위해 사용된다.

Beam correspondence는 DUT가 특정 방향에서 오는 기지국의 빔을 수신 하였을 때, 따로 기지국에 의존하여 그 방향을 찾는 과정을 거치지 않더라도 수신한 방향으로 맞추어 빔을 발산할 수 있는 능력을 평가하기 위해 사용 되는데 이는 아직 논의 중에 있다.

② Rx 측정 파라미터의 정의

Reference Sensitivity Level은 작은 RF신호를 수신하여도 오류 없이 모뎀 에서 신호처리가 가능한지 여부를 확인한다. Reference Sensitivity Level 측정 또한 Tx의 최대 송신전력 측정과 마찬가지로 전파가 수신되는 모든 방향에

대한 수신감도 측정이 필요하다. 즉, 모든 방향 측정값을 포함하고 있는 EIS(Effective Isotropic Sensitivity)에 대한 요구사항이 정의된다.

ACS와 Blocking은 Tx의 불요방사 측정과 상호성이 있는 측정 파라미터로 ACS는 인접한 채널의 신호가 존재하더라도 할당된 채널로 원활한 통신이 이루어지는지 확인하며, Blocking은 통신에 할당된 채널의 인접 위 또는 아래 주파수 대역에 간섭신호가 존재하더라도 통신이 원활하게 이루어지는 것을 확인한다.

In-channel selectivity는 더 큰 전력 스펙트럼 밀도에서 수신된 간섭 신호가 있는 경우 할당된 리소스(Resource) 블록 위치에서 원하는 신호를 수신하는 수신기 성능을 측정하며, Beam peak의 요구사항이 정의되며 현재 논의 중에 있다.

③ OTA 측정 시 문제점

본 절에서는 3GPP에서 요구하고 있는 OTA 주요 측정 파라미터를 Tx, Rx로 분류 하였다. 대부분 파라미터의 항목이 Tx에서는 TRP 또는 EIRP, Rx에서는 TRS 또는 EIS의 측정을 진행해야 하므로 많은 측정시간이 소요 될 것이다. 실제로 '17년 3GPP TSG RAN WG4 #82 R4-1703301 문서에서는 UE에 대한 OTA 파라미터 측정시간이 Tx와 Rx를 합쳐 30일이 걸린다고 발표하였으며, 제안사항으로는 테스트 시간을 줄이기 위해 간소화가 필요할 것으로 정의 하였다. 또한 최대 출력 전력을 제외한 원하는 신호에 대한 모든 Tx 요구사항은 빔 피크로 정의해야하며, Rx 요구사항에서 ACS, IBB, OOBB 테스트는 TRS 테스트 메트릭스가 아닌 빔 피크로 정의해야한다고 제안 하였다. 기존 LTE의 전도시험과 UE에 대한 OTA 파라미터 측정시간 비교는 <표 1.3.2>와 같다.

<표 1.3.2> 기존 LTE의 전도시험과 UE에 대한 OTA 측정시간

LTE 전도시험 시간	5G mmWave UE에 대한 OTA 측정시간	
	Tx	Rx
약 14시간	약 20일	약 10일

1.3.2 3GPP TR 38.810에 대한 표준화 동향

현재까지 3GPP TR 38.810에서 규정하고 있는 4가지 측정방법은 <표 1.3.3>와 같다.

<표 1.3.3> TR 38.810에서 규정하는 4가지 측정방법

No.	Method
1	Direct Far Field (DFF)
2	Direct Far Field (DFF) simplification for centre of beam measurements
3	Indirect Far Field (IFF - Method 1) - Compact Antenna Test Range
4	Near Field to Far Field Transform (NFTF)

여기서 현재 [표 2.3.4]에서 요구하고 있는 3가지 유형의 DUT 안테나를 만족하는 측정방법은 [그림 1.3.3]과 같이 Indirect Far Field (IFF) 방법이다. 추가적으로 '18년 3GPP TSG-RAN WG4 Meeting #86회의에서는 Reverberation chamber를 이용한 TEST 방법 (R4-1803412)과 원거리장 변환이 없는 근거리장 테스트 방법 (R4-1805896)이 제안되었으나 승인되지 않았다. 따라서 본 절에서는 3GPP TR 38.810 규정하고 있는 4가지 측정방법에 대하여 자세하게 기술하고자 한다.

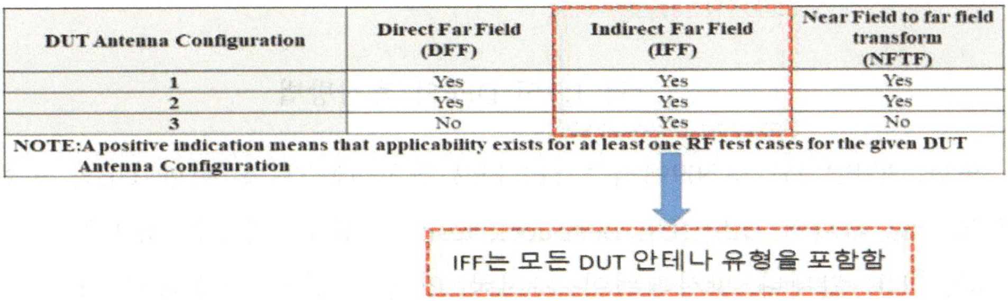

DUT Antenna Configuration	Direct Far Field (DFF)	Indirect Far Field (IFF)	Near Field to far field transform (NFTF)
1	Yes	Yes	Yes
2	Yes	Yes	Yes
3	No	Yes	No

NOTE: A positive indication means that applicability exists for at least one RF test cases for the given DUT Antenna Configuration

IFF는 모든 DUT 안테나 유형을 포함함

[그림 1.3.3] 각 시험방법에 대한 3가지 유형의 DUT 안테나 적용 가능성

① DFF (Direct far field)

DFF은 5G NR RF 시험을 위한 3GPP 허용된 시험방법이며, [그림 1.3.4]과 같이 일반적으로 DUT는 quiet zone의 중심에서 회전하는 2차원 포지셔너에서 배치되어 있으며, 전자파 무반사실과 원역장(far-field) 프로브로 구성된 기본 RF 시험 방법이다. 전자파 무반사실의 far-field(Fraunhofer) 반경 거리 'R'은 $R > 2D^2/\lambda$로 설명 할 수 있다.

[그림 1.3.4] DFF

DFF의 측정 방법은 안테나 수에 따라 2가지 방법으로 3GPP에서 정의되어 있다. 일반적인 DFF의 경우 [그림 1.3.5]와 같이 2개의 개별 프로브로 구성된다. 하나의 링크 안테나는 DUT에 연결되어 주로 DUT를 향해 빔 스티어링 하는데 사용되며, 또 다른 안테나는 전자파 무반사실의 구형을 둘러싸는 3차원 공간의 어느 곳으로나 이동할 수 있는 DUT 측정 안테나이다.

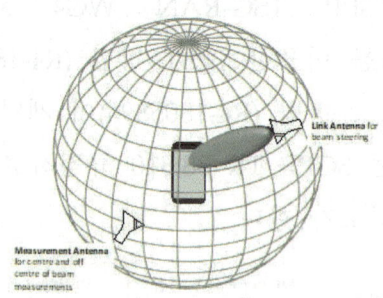

[그림 1.3.5] DFF의 측정방법

또한, 3GPP TR 38.509에서는 5G FR2 장치 테스트를 위한 UE의 적합성 테스트 중 하나인 UBF (UE Beamlock test function) 기능을 정의하고 있다. UBF는 UE 안테나 방사패턴이 기지국 안테나 빔에 고정되게 하는 것을 의미한다.

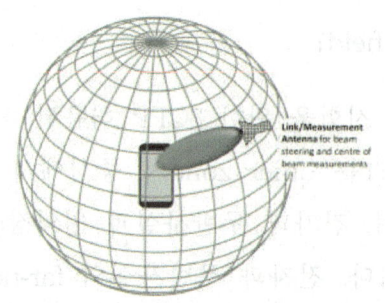

[그림 1.3.6] 새로운 DFF 측정방법

하지만, [그림 1.3.7]와 같이 주어진 주파수에 대해 전자파 무반사실의 크기는 안테나의 크기가 커질수록 증가하게 되며, 이로 인하여 Path loss가 크게 증가하게 된다. 여기서 안테나 크기를 항상 제조자가 언급하는 것은 아니므로, UE의 가장 큰 물리적 치수(일반적으로 가장 큰 대각선)를 'D'의 값으로 고려할 수 있다. 즉, DFF 방법은 구현이 간단하지만 구축비용이 크고 유지 관리가 힘들기 때문에, DFF 접근법과 유사한 테스트 정확도를 유지하면서 테스트 영역을 줄이기 위한 대안으로 5G OTA 테스트 접근법이 필요하다.

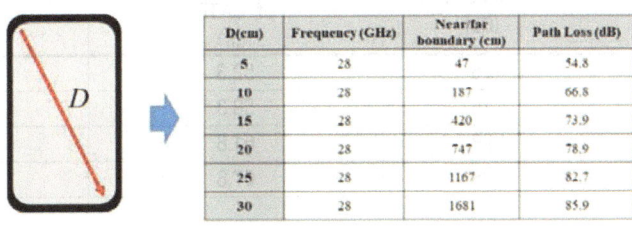

[그림 1.3.7] 'D'에 따른 전자파 무반사실 크기 및 Path loss의 변화

② IFF (Indirect far field)

앞 소절에서 소개한 DFF의 문제를 보완하기 위한 CATR (Compact antenna test range) 방법이라고도 불리는 IFF 방법이 있으며 [그림 1.3.8]과 같다. IFF방법은 Parabolic reflector와 이중편파 feed 혼 안테나, DUT 포지셔너, CATR로 구성된다. CART 기반 시험방식에서 원거리장의 거리 $R = 3.5 \times size\ of\ reflector = 2 \times D$이며 Parabolic reflector에서 DUT로 진행한 파는 예상되는 Quiet zone에서 이상적인 평면파를 제공한다.

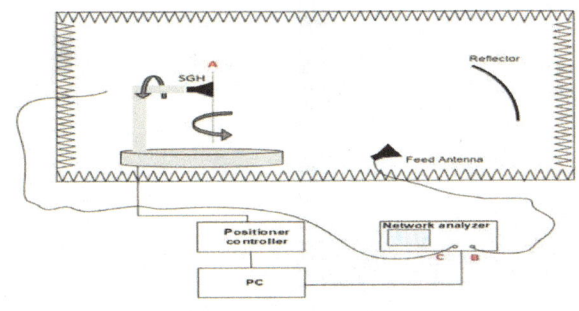

[그림 1.3.8] IFF 측정방법

이 방법의 장점은 reflector를 이용하여 DUT가 $2D^2/\lambda$ 보다 짧은 거리의 원거리 평면파 조건에서 테스트가 가능하기 때문에 <표 1.3.4>와 같이 DFF 방법보다 훨씬 작은 공간과 낮은 Path loss를 갖는 장점을 가지고 있다. 하지만 이 방법은 feed 혼 안테나가 주파수 의존성으로 인해 그 범위로 제한된다. 즉, 측정할 주파수 대역에 따라 feed 혼 안테나가 필요한 단점을 가지고 있다.

<표 1.3.4> CATR과 DFF의 성능 비교

DUT size (cm)	Frequency (GHz)	Path Loss of CATR (dB)	Path Loss of DFF (dB)
5	28	52.3	54.8
10	28	58.3	66.8
15	28	61.8	73.9
30	28	67.8	85.9

③ Near Field to Far Field Transform(NFTF)

[그림 1.3.9]와 같이 NFTF 방법은 소형 챔버 내에서 원거리장 환경을 구성하는 방법이다. 이 방법은 Nearfield to farfield 변형 함수를 이용하여 근거리장에서 측정한 데이터를 고속 푸리에 변환을 사용하여 원거리장에서 측정한 데이터로 변형시키는 방법이며 그에 따른 거리는 근거리장 공식인 $R > 0.62\sqrt{D^3/\lambda}$ 를 만족시켜야 한다.

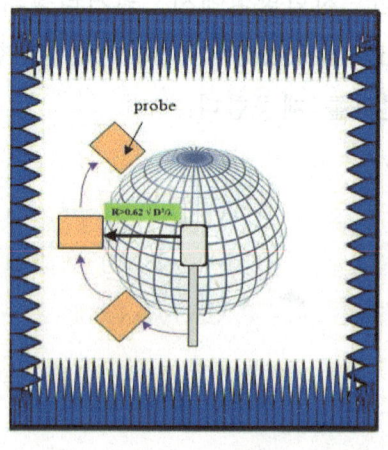 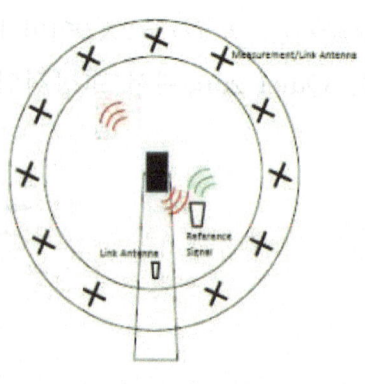

[그림 1.3.9] NFTF의 원리

NFTF 방법은 소형 챔버 내에서 멀티 프로브 사용이 가능하여 CATR 방식에 비해 시험시간을 단축시킬 수 있다. 또한 기존 측정방법에 비하여 훨씬 작은 공간에서 측정을 진행할 수 있다는 장점을 가지고 있다.

하지만, 많은 수의 프로브 각각 포인트에 대하여 측정을 수행하지 않고서는 수신된 전력을 직접 평가하고 측정하는데 사용할 수 없다. 즉, 근거리 장에서 측정한 결과를 원거리 장으로 변환을 수행해야 하는데 이때 측정 및 측정 환경 등의 불일치가 생기면 큰 오차를 야기할 우려가 있다. 또한 측정에 사용되는 프로브 안테나는 일반적으로 주파수 범위가 매우 좁다. 그렇기 때문에 FR2 주파수 대역마다 별도의 안테나 프로브가 필요한 단점이 있다. 추가적으로 현재 3GPP TR 38.810에서 요구하고 있는 각 측정방법들에 대한 측정 파라미터 적용을 <표 1.3.5>과 같이 정리하였다.

<표 1.3.5> 각각의 측정방법들에 대한 측정 파라미터 적용

	DFF	CATR	NFTF
EIRP	측정 가능	측정 가능	측정 가능
TRP	측정 가능	측정 가능	측정 가능
Spurious emission (In Band, Out of Band, SEM, ACLR, Spurious)	측정 가능	측정 가능	측정 가능

제2장
CATR 및 안테나 고속측정시스템

National Radio Research Agency

제 2 장 CATR 및 고속측정시스템

　이번 장에서는 CATR과 연구원에서 개발한 5G 안테나 고속측정시스템에 대해 소개하고자 한다. 먼저 CATR 시험장 동작원리와 시험장 평가방법에 대해 살펴보고, 이천센터에 구축된 스위치 매트릭스를 사용한 고속측정시스템과 나주 본원에 구축되어 있는 프로브-수신기 통합모듈을 사용한 고속측정시스템에 대해 기술하고자 한다.

제 1절 CATR 시험장 동작 원리

　[그림 2.1.1]에서 보여주는 바와 같이, CATR(Compact Antenna Test Range) 챔버는 급전 안테나와 포물면 반사경으로 구성된다. 포물면의 초점에 위치한 급전 안테나에서 반사경을 향해 방사되는 구면파가 반사경 표면에서 한 방향으로 반사되어 평면파를 발생시킨다. 평면파가 형성된 위치는 통상 균일장 영역 또는 QZ(Quiet Zone)이라 일컬으며, 그 공간에서 측정하고자 하는 안테나(AUC)를 놓고 측정을 수행한다. 이때 QZ이 형성되는 공간 이상적인 평면파를 제공하기 때문에 원거리장에서 실험하는 것과 같은 효과를 얻을 수 있다. 왜냐하면 CATR 챔버는 근거리(작은 실내 챔버 공간)에서 평면파를 인위적으로 형성하기 때문이다.

　앞서 설명한 바와 같이 CATR의 동작 원리는 단순하다. 하지만 이를 실제 구현하여 우수한 성능의 평면파를 생성하는 것은 쉽지 않다. 왜냐하면 CATR에서 일어나는 전자기 현상은 [그림 2.1.1]과 같이 광선의 진행과 반사만 이루어지지 않고 반사경 끝단에서의 회절, 급전 안테나로부터 측정영역(QZ)로 진행하는 전자파에 의한 간섭, 반사경 표면 가공 오차에 의한 왜곡, 주파수에 따라 변하는 급전 안테나 빔 패턴 등이 균일한 평면파 특성을 저감시켜 측정 오차를 발생한다. 따라서 적합성평가 시험 신뢰도 제고를 위해서는 CATR 챔버 균일장 특성을 주기적으로 평가할 필요가 있다.

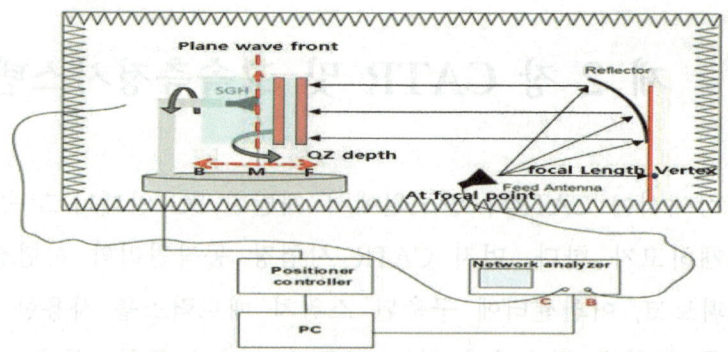

[그림 2.1.1] CATR 평면파 형성 개념도

2.1.1 CATR 측정 시스템 설치 절차

CATR 측정 시스템은 [그림 2.1.1]에서 보는 바와 같이 전자파 무반사 챔버 안에 파라볼릭 반사경, 급전(Feed) 혼 안테나, 360° 회전 가능한 AUT 포지셔너로 구성되어 있다. AUT 측정 포지셔너 위치에서 정해진 규격에 맞는 균일장(QZ) 특성을 얻기 위해서는 사전에 전자기(Electro-Magnetic) 모의실험으로 검증된 각각의 구성품(반사경, 급전 혼, 포지셔너)이 설계된 크기와, 높이, 설계에서 정해진 위치(공간)에 정확하게 설치해야 한다.

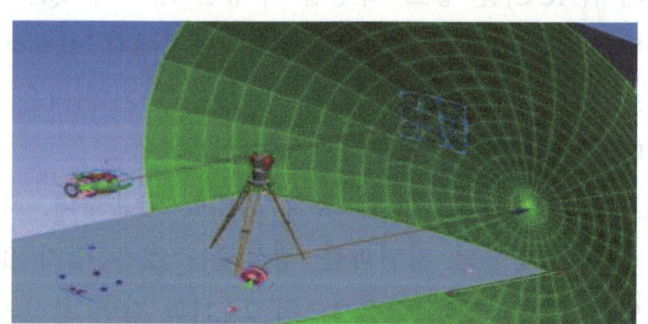

[그림 2.1.2] 반사경 정렬 상태 검증

먼저 반사경 정렬 상태를 검증하기 위해서는 [그림 2.1.2]와 같이 설계된 전체 시스템 공간 좌표(x, y, z)가 필요하다. 여기에서 포물형 반사경 꼭지점이 원점이 되며 설계·제작된 파라볼릭 반사경의 공간 좌표 모서리 4점을 이용하여 반사경을 정확한 위치에 설치한다. 이때, [그림 2.1.3]에서 보는 바와 같이, 전파 방향은 z축을 향하고 AUC 포지셔너가 있는 방향은 평면파가 형성되는 xy 면이 된다. 이때 턴테이블의 중심 원점에서 반사경 중심 방향 z축으로 정확하게 설치하기 위해 시뮬레이션상에서 확보한 정확한 공간 좌표를 찾기 위해 레이저트래커를 사용한다.

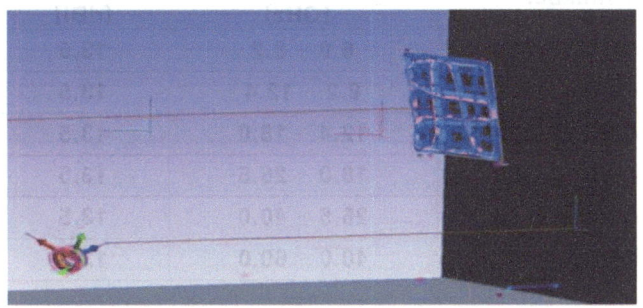

[그림 2.1.3] 급전타워 정력 상태 검증

2.1.2 급전 혼 안테나

CATR 챔버의 급전 안테나 방사특성은 균일장 측정영역(QZ)내 평면파의 전계 분포 특성을 결정하는 중요한 요소가 된다. 균일한 평면파 형성을 위해서는 반사경에 인가되는 전계가 최대한 균일하여야 한다. 이는 곧 반사경 방향 조향각 내에서 급전 안테나의 이득 변화가 적어야 함을 나타낸다. 따라서, 컴팩트 레인지(Compact Range)의 동작 대역폭 내에서 가능한 일정한 빔 폭을 갖는 안테나를 사용해야 한다. 특히, 동시에 편파 특성 측정을 위해서는 축 방향 기준 회전 대칭적인 빔을 방사해야 한다. 따라서 전파시험인증센터에서는 [그림 2.1.4]와 같은 코러게이트 혼 안테나를 보유하고 있으며, 각각의 안테나 특성은 <표 2.1.1>에 정리하였다.

[그림 2.1.4] 코러게이트 혼 안테나

<표 2.1.1> 이천센터 보유 코러게이트 혼 안테나

Part Number	Frequency band [GHz]	Gain [dBi]	VSWR
ASY-CWG-D-058	6.0 - 8.2	13.5	< 1.5
ASY-CWG-D-082	8.2 - 12.4	13.5	< 1.5
ASY-CWG-D-124	12.4 - 18.0	13.5	< 1.5
ASY-CWG-D-180	18.0 - 26.5	13.5	< 1.5
ASY-CWG-D-265	26.5 - 40.0	13.5	< 1.5
ASY-CWG-D-400	40.0 - 60.0	13.5	< 1.5

2.1.3 CATR 균일장 평가방법

일반적으로 정확한 원역장 안테나 측정을 위해서 제일 중요한 것은 QZ 내에 균일한 평면파를 만드는 것이다. 이상적인 상황에서는 균일한 평면파가 형성되어 있는 QZ내에 측정대상 안테나(AUT)를 거치하여 AUT의 각 평면파 입사 방향에 대응하여 AUT를 360° 전 방향 회전시키면서 각각 측정된다. 이러한 이상적 평면파 조건을 위해서는 AUT와 급전 안테나가 무한히 떨어져 있어야 한다. 하지만 이는 현실적으로 어려워 비이상적 평면파의 측정 정확도에 대한 영향이 허용되는 범위 안에서 짧은 거리로 결정된다.

원역장을 형성시키는 대표적인 방법으로는 CATR 챔버가 이용된다. 이 CATR 챔버는 급전 안테나에서 방사된 구면파로부터 파라볼릭 반사경을 거쳐 평면파 변환이 가능하기 때문에 시험장 급전과 AUT 사이의 거리가 훨씬 더 짧게 된다. 파라볼릭 반사경에 반사된 파들은 QZ까지 다른 길이의 경로를 이동하여 시험장 축과 90°를 이루는 횡단면에서 동위상이 만들어진다. 단지 위상만 변환이 되며 급전 안테나의 진폭 테이퍼는 QZ까지 영향을 받지 않고 진행한다. 따라서 이러한 형태의 안테나 시험장에서 진폭 테이퍼를 측정하는 것이 중요한 요인이 된다. 특히, CATR 챔버 실내는 비록 흡수체로 덮여 있지만, 전자파를 차폐하기 위해 인위적으로 금속으로 둘러싸여 있기 때문에 추가적인 반사파 특성으로 인해 측정 정확도를 악화시킨다. 이 반사파들은 시험결과의 왜곡을 초래할 수 있는 진폭 리플(ripple)과 위상 리플을 발생시킨다. 또한, 평면파를 주사하기 위해 사용된 파라볼릭 반사경 edge에서의 회절로 인해 추가적인 진폭과 위상 리플의 원인이 된다. 반사경의 edge 회절을 최소화하기 위해 반사경 끝 쪽을 구부리는(rolled edge) 방식과 톱니파 모양(serrated edge) 방식을 사용하여 추가적인 리플 특성을 최소화 한다.

2.1.4 CATR quiet zone 공통 규격

주어진 point-source CATR에서 측정가능한 안테나의 최대크기를 결정하기 위하여 QZ의 균일장 특성(1 dB 이하의 진폭 taper와 ± 0.5 dB 이내의 진폭 ripple과 ± 5° 이내의 위상 ripple)이 사용되어오고 있다. 이러한

CATR QZ 특성에 대한 정의가 학계와 산업계에서 범용표준으로 사용되어 오고 있다.

이 point-source CATR은 파라볼릭 반사경을 이용하여 반사경의 초점에 위치한 급전 안테나에서 방사되는 quasi-구면파를 pseudo-평면파로 변환시키는 효과를 가지는 급전 안테나의 이미지를 원거리에 투영하여 pseudo-평면파가 측정대상 안테나를 조사하여 아주 짧은 거리에서 원역장 측정이 가능하도록 균일장을 형성한다. 이 pseudo-평면파의 품질을 기술하는 통상 사용되는 평가지표는 1 dB 진폭 taper, ± 0.5 dB 진폭 ripple과 ± 5°의 위상 ripple이다. 이 선형 cut들은 통상적으로 수평, 수직 cut 또는 직교좌표축 cut으로 CATR 축인 z축의 여러 지점에서 반복하여 구성된다. 대개 원통형을 이루며 이러한 규정을 만족시키는 최대 크기가 CATR의 QZ의 크기를 결정한다. [그림 2.1.5]은 진폭 taper와 진폭 ripple을 보여주고 있으며, 위상 ripple은 taper 없는(일차 직선함수) 진폭 ripple과 유사하게 표현된다. 이러한 원역장 특성은 주로 선형모터를 사용하여 수평방향으로 프로브를 이동시켜 QZ의 폭(width) 범위를 스캔할 수 있는 평탄도 측정장치로 측정·분석이 가능하다.

[그림 2.1.5] QZ에서의 진폭 테이퍼와 리플 규격 도시

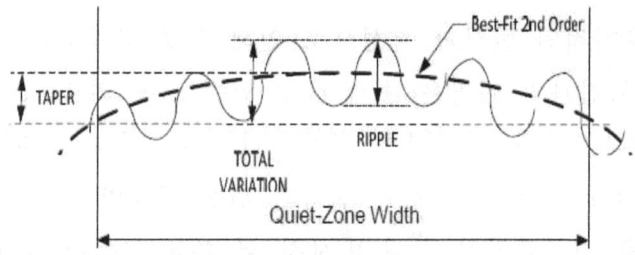

2.1.5. CATR Quiet Zone 깊이 변동

CATR은 광학시스템 초점에 놓여진 급전 안테나로 여기되는 하나 또는 두 개의 큰 파라볼릭 반사경으로 구성된다. 이 CATR 시스템은 어떤 영역에서의 전자기장 품질이 진폭 테이퍼, 진폭 ripple, 위상 변동과 교차편파 격리도로 표현되는 규정된 특성을 만족하는 Quiet Zone(QZ)을 지정된 거리 구간(깊이, length)에서 만족한다. 대개 이 규격은 이 QZ 전체 구간에 대하여 같은 값을 적용한다. [그림 2.1.6]는 단일 반사경 중앙 급전 CATR의 통

상적인 layout을 보여준다.

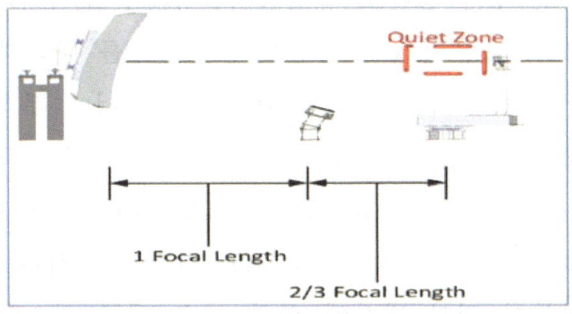

[그림 2.1.6] 중앙급전 단일 반사경을 갖는 CATR 구조

CATR의 급전은 offset 급전 파라볼릭 반사경의 정점(vertex)으로부터 한 초점거리에 있으며, QZ의 중심은 축 방향으로 통상 급전 뒤 2/3 내지 1 초점거리에 놓여진다. QZ 유효성 검증 시험은 주로 field probe 방법으로 측정하는데, 통상 측정 data set은 QZ내에서 하나 이상의 축 방향 위치에서 급전한 두 편파(수평/수직)에 대하여 수평면 cut 및 수직 cut들에서 얻어진다. 만약 시험장이 QZ 전영역(시험장 축방향)을 포함할 수 있는 충분히 긴 slide나 offset 팔이 있다면 통상 QZ의 전면, 중앙 및 후면에서 field 프로브 cut set을 측정한다. 이러한 축 방향 움직임을 위한 slide나 offset arm이 없는 시험장에서는 QZ의 중앙에서만 field probe cut을 측정한다. 시험장 축 방향에 따른 QZ의 변동은 통상적으로는 규정되는 성능지표가 아니었기 때문에 축 방향에 따라 세밀한 증분 위치들에서 많은 cut을 수행하는 것은 대개 시간적으로 불가능하다. 따라서 측정에 많은 시간을 들이는 대신 QZ 축 방향에 따른 전자기장 특성 변동을 예측할 필요가 있으며 이 축 방향 변동을 정확하게 예측하는 도구가 QZ 특성 예측 및 관련 특성 분석에 도움을 줄 수 있다.

제 2 절 CATR 시험장 적합성 평가 및 분석

2.2.1. CATR QZ 평탄도 측정장치

CATR 시험장 적합성 평가 시험·분석에 앞서, CATR QZ 평탄도 측정을 위해 자체 개발한 평탄도 측정장치를 [그림 2.2.1]과 [그림 2.2.2]에 소개한다. 먼저 [그림 2.1.3] a는 평탄도 측정장치를 AUT 포지셔너에 거치한 모습을 보여주고 있으며, 그림 b, c는 평면도와 정면도를 나타낸다. 평탄도 측정장치는 기존에 구축된 CATR 챔버의 AUT 포지셔너에 부착하여 활용할 수 있도록 설계 제작되었으며, 선형 모터를 사용하여 수평 축(좌/우로, ρ 방향)으로 최대 -400 mm ~ +400 mm로 총 800 mm를 스캔할 수 있으며, Φ 축은 기존 AUT 포지셔너를 사용하여 360° 회전 가능하다. 또한 평탄도 측정장치의 금속 부분이 전파 반사에 의한 신호 왜곡 최소화를 위해 흡수체를 부착하였으며, 가장 앞 단에 프로브 또는 혼 안테나의 개구면 만이 파라볼릭 반사경을 조준할 수 있도록 하였다. [그림 2.1.2]는 실제 제작하여 CATR 챔버 내에 설치한 평탄도 측정장치 보여주고 있으며, 실제 해당 장치를 설치할 때는 수평 및 앞/뒤로 기울어짐이 없도록 정확하게 0°로 맞추는 것이 중요하다. 왜냐하면 설치된 AUT 턴이블을 사용하여 Radial-angle 스캔 방식으로 측정되기 때문에 중심축과 평탄도 측정장치 끝단의 위상 오차는 심각해질 수 있다.

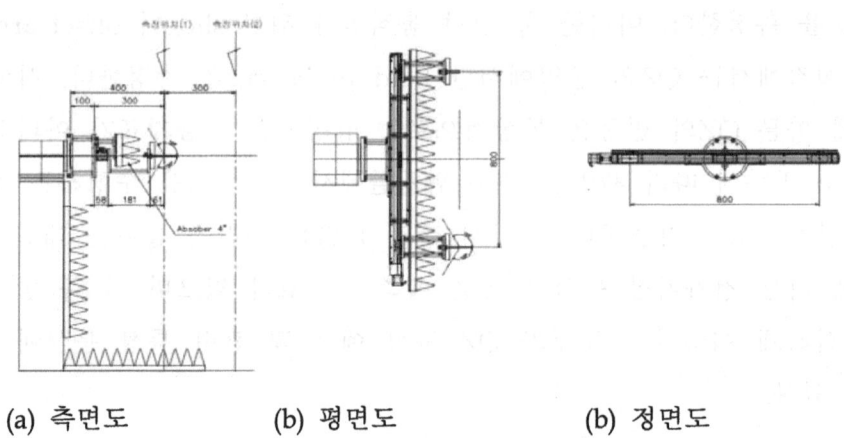

(a) 측면도　　　　(b) 평면도　　　　(b) 정면도

[그림 2.2.1] CATR 평탄도 측정장치

[그림 2.2.2] CATR 챔버 내에 설치된 평탄도 측정장치

2.2.2. CATR QZ 특성 측정 및 결과 분석

다음은 이천센터 사후관리과에서 구축한 CATR 챔버의 QZ 평탄도 측정 및 분석을 통해 시험장 유효성 검증을 수행하고자 한다. 측정에 앞서 앞에서 설명한 바와 같이, AUT 포지셔너와 여기에 거치(부착)되는 평탄도 측정장치의 수평 및 앞/뒤 기울어짐이 없도록 설치되었는지 점검해야 한다. 왜냐하면 구축한 planar polar 측정장치는 radial-angle scan 방법을 사용하기 때문에 축에서 최소 0.2°만 기울어져도 반지름 400 mm 최외각에서는 위상오차가 심각하게 영향을 받기 때문이다. 따라서 [그림 2.2.3]와 같이 AUT 포지셔너에 거치된 평탄도 측정장치의 여러 조립 부분에서 수평이 틀어짐이 없는지(모두 0°) 확인하였다.

  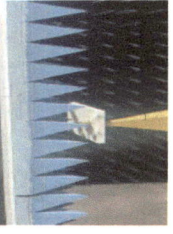

(a)

 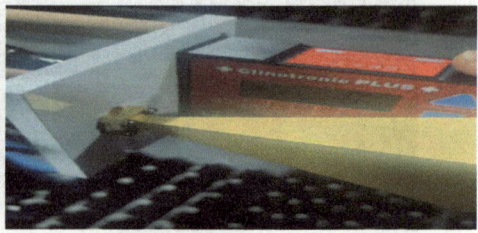

(b)

[그림 2.2.3] 평탄도 측정장치 수평조절

평탄도 측정장치의 수평을 확인한 이후, 앞/뒤 기울어짐이 없는지 확인하기 위해 [그림 2.2.4]에서 보는 바와 같이, 리니어 모터의 금속 수평 축에 Line Laser를 정렬시키고 AUT 포지셔너를 ϕ 축으로 360° 회전시켜 앞/뒤 기울어짐이 없는지 확인하였다. 이천센터에서는 아쉽게도 3D 레이저 트래커를 보유하고 있지 않아, 앞에서 설명한 바와 같이 기구적 정렬을 완료하고 전기적 정렬은 실제 측정을 통해 확인이 필요하다.

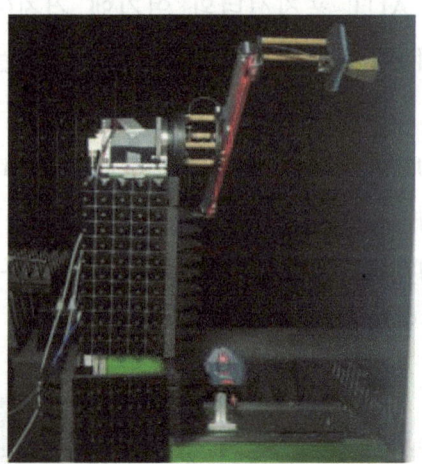

[그림 2.2.4] 평탄도 측정장치 앞/뒤 기울어짐 정렬 점검

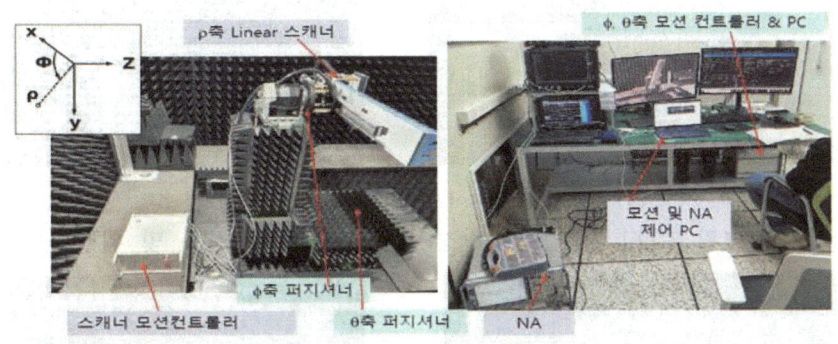

[그림 2.2.5] 평탄도 측정장치 및 측정장비

다음은 탄도 측정장치의 전기적 정렬을 확인하기 위한 측정을 수행한다. 측정에 앞서 [그림 2.2.5]에서 평탄도 측정장치 및 측정장비, 관련 제어장치 구성에 대해 소개하고자 한다. 먼저 φ, θ축 포지셔너는 기존에 구축된 CATR 모션 컨트롤러와 운용 PC로 구동하며, QZ 평탄도 측정장치(스캐너)는 스캐너 전용 모션 컨트롤러, 네트워크 분석기, 제어 PC(노트북)에 연결하여 구동된다. θ축은 0°로 고정한 채로 QZ 스캐너가 부착되었으며, ρ축 －400 mm부터 +400 mm까지 총 800 mm 거리를 주어진 간격(Step)에 따라 이동하며 데이터를 획득할 수 있다. 이때 QZ 평면 전체를 스캔하기 위해 φ축 포지셔너를 0°~ 180°까지 주어진 각도(degree)로 이동시키고에 ρ축(－400 mm ~ +400 mm)을 이동하면서 정해진 지점에서의 데이터 수집이 가능하다.

평탄도 측정장치의 전기적 정렬을 확인하기 위해 기존 AUT 포지셔너의 φ축을 0°, 90°, 180°, 270° 4방향으로 위치시키고 ρ축을 －400 mm ~ +400 mm 까지 10 mm 간격으로 이동시키면서 각 지점에서의 진폭(magnitude)과 위상(phase) 특성을 확인하였다. 특히, 측정장치를 미세조정하여 [그림 2.2.6] ~ [그림 2.2.9]와 같이 4방향에서 진폭은 1 dB 이내, 위상은 22.5° 이내로 만족할 때까지 정렬을 반복하였다.

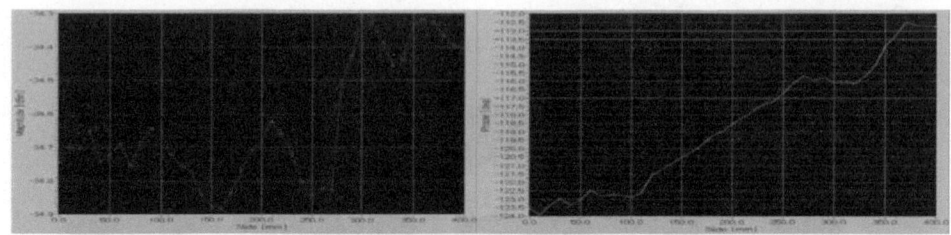

(a) 진폭(0.6 dB 이하), (b) 위상(11.5° 이하)
[그림 2.2.6] 평탄도 측정장치 φ = 0°일 때 진폭 및 위상

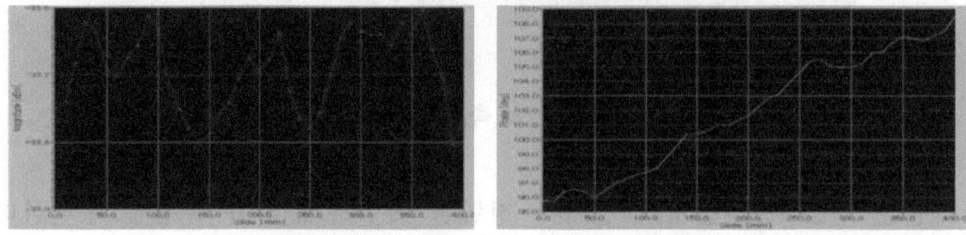

(a) 진폭(0.81 dB 이하), 위상 13° 이하)
[그림 2.2.7] 평탄도 측정장치 φ = 90°일 때 진폭 및 위상

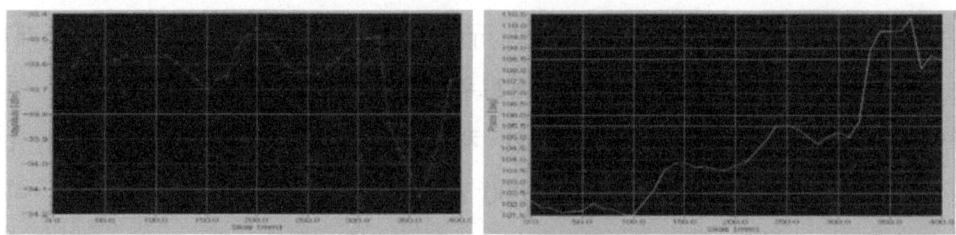

(a) 진폭(0.88 dB 이하), 위상(8.5° 이하)
[그림 2.2.8] 평탄도 측정장치 φ = 180°일 때 진폭 및 위상

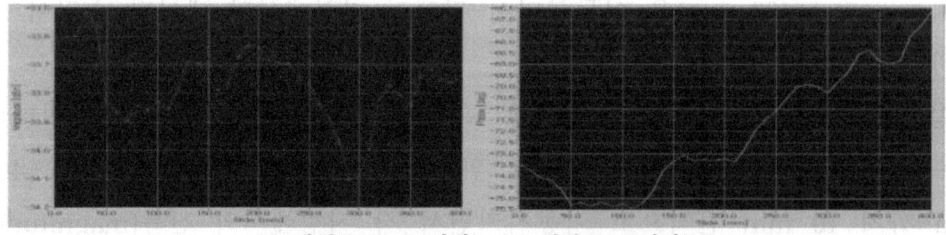

(a) 진폭(0.5 dB 이하), (b) 위상(10° 이하)
[그림 2.2.9] 평탄도 측정장치 φ = 270°일 때 진폭 및 위상

위 그림 특성에서 보여주는 것처럼 φ축 4방향(0°, 90°, 180°, 270°)에서 진폭 및 위상 특성이 만족하면 전기적 정렬이 완료되었다고 가정하고, planar polar 방식의 평탄도 측정장치를 φ 축으로 180°까지 회전시키는 radial-angle scan 방법으로 QZ 예상 횡단면을 측정·분석하였다. 횡단면 (xy

축) ρ 는 -400 mm ~ +400 mm까지 스윕(sweep) 하였으며, z방향(QZ 깊이, depth)으로는 [그림 2.2.10]에서 보는 바와 같이 200 mm 간격으로 후면(back), 중간면(middle), 앞면(front) 3개의 횡단면에 대한 균일도를 측정 분석하였다. 여기서 QZ 횡단면 균일도를 평가하기 위해서 수직/수평 편파로 두 번 측정한 후 각각의 결과를 합성하여 진폭 및 위상의 균일도를 분석하였다.

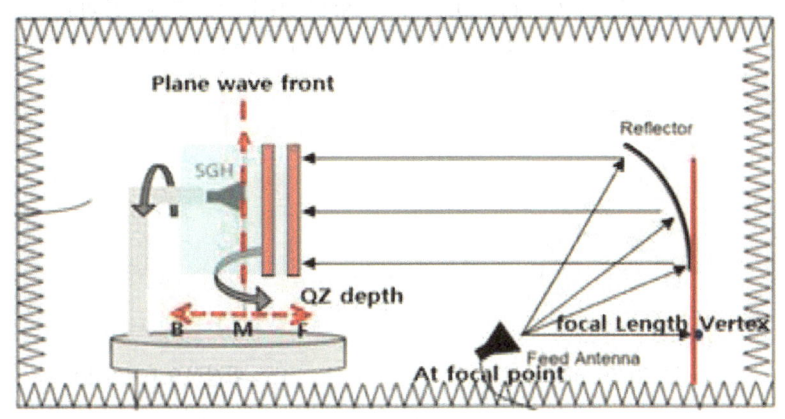

[그림 2.2.10] CATR QZ 측정 횡단면

먼저 후면 QZ 횡단면 측정결과는 [그림 2.2.11] ~ [그림 2.2.12]에 도시하였으며, 수직/수평 편파에 대한 측정결과는 φ축 회전에 따른 안테나의 Co-pol에서 x-pol로 수신 특성 변화를 보여주고 있다. 또한, 두 신호의 합은 [그림 2.2.13]에서 보여주는 바와 같이 진폭은 -37.65 dBm ~ -38.41 dBm 범위, 즉 0.76 dB 이내로 동작하며, 위상은 7.48° ~ 11.68° 범위로 약 19.16° 이내에서 동작하는 것으로 확인되었다.

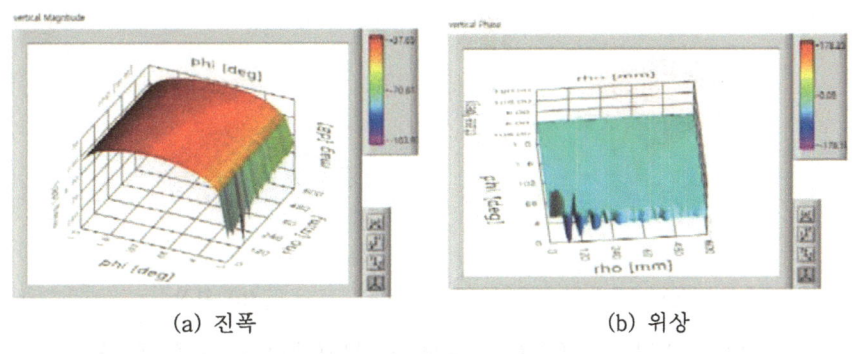

(a) 진폭   (b) 위상

[그림 2.2.11] CATR QZ 측정 횡단면(후면, 수직 편파)

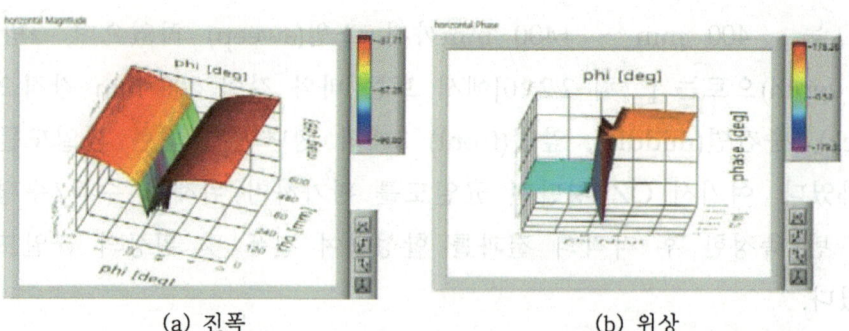

(a) 진폭　　　　　　　　　　　(b) 위상

[그림 2.2.12] CATR QZ 측정 횡단면(후면, 수평 편파)

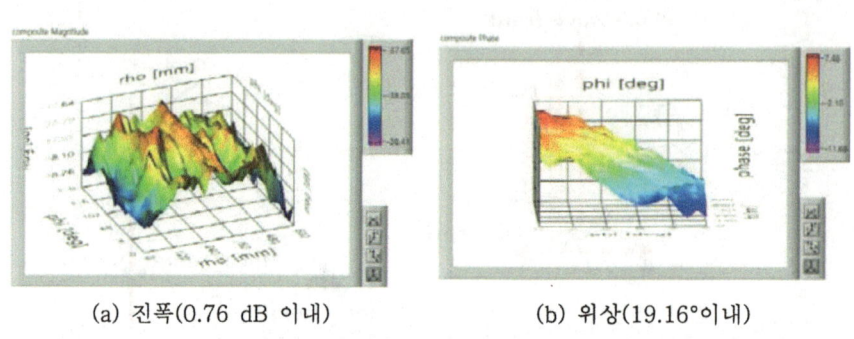

(a) 진폭(0.76 dB 이내)　　　　　(b) 위상(19.16°이내)

[그림 2.2.13] CATR QZ 측정결과(후면)

중간면 QZ 횡단면 측정결과도 QZ 후면과 마찬가지로, 수직/수평 편파에 대한 φ축 회전에 따른 안테나의 Co-pol에서 x-pol로 수신 특성변화를 [그림 2.2.14] ~ [그림 2.2.15]와 같이 보여주고 있다. 또한, 두 신호의 합은 [그림 2.2.16]에서 보여주는 바와 같이 진폭은 -37.43 dBm ~ -38.37 dBm 범위, 즉 0.94 dB 이내로 동작하며, 위상은 7.16° ~ 12.04° 범위로 약 19.2° 이내에서 동작하는 것으로 확인되었다.

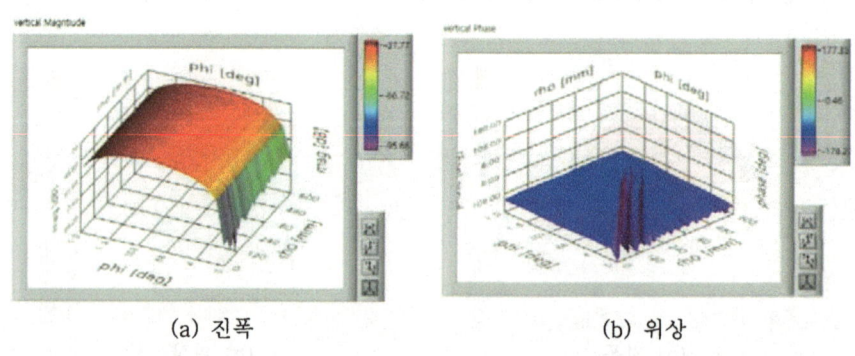

(a) 진폭　　　　　　　　　　　(b) 위상

[그림 2.2.14] CATR QZ 측정 횡단면(중간면, 수직 편파)

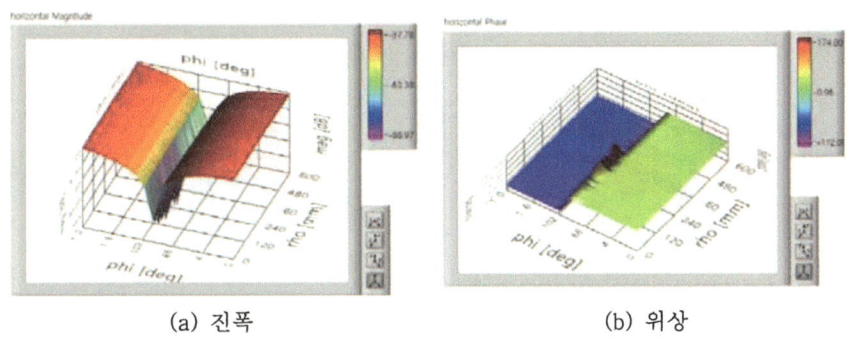

(a) 진폭　　　　　　　　　　(b) 위상

[그림 2.2.15] CATR QZ 측정 횡단면(중간면, 수평 편파)

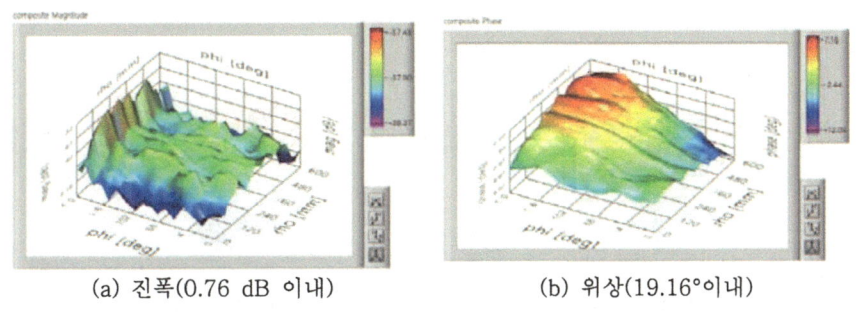

(a) 진폭(0.76 dB 이내)　　　　(b) 위상(19.16°이내)

[그림 2.2.16] CATR QZ 측정결과(중간면)

앞면 QZ 횡단면 측정결과도 앞의 두 결과와 마찬가지로, 수직/수평 편파에 대한 φ축 회전에 따른 안테나의 Co-pol에서 x-pol로 수신 특성 변화를 [그림 2.2.17] ~ [그림 2.2.18]와 같이 보여주고 있다. 또한, 두 신호의 합은 [그림 2.2.19]에서 보여주는 바와 같이 진폭은 -37.75 dBm ~ -38.51 dBm 범위, 즉 0.94 dB 이내로 동작하며, 위상은 5.82° ~ -9.82° 범위로 약 15.76° 이내에서 동작하는 것으로 확인되었다.

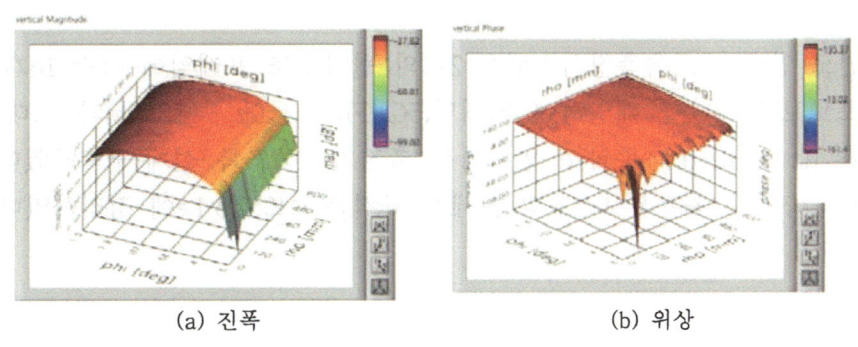

(a) 진폭　　　　　　　　　　(b) 위상

[그림 2.2.17] CATR QZ 측정 횡단면(앞면, 수직 편파)

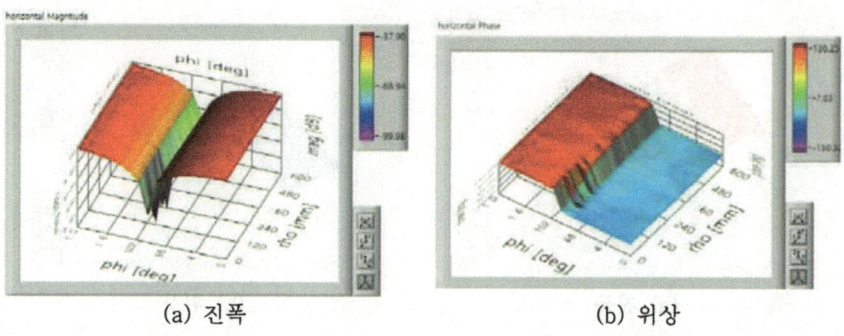

(a) 진폭　　　　　　　　　　(b) 위상

[그림 2.2.18] CATR QZ 측정 횡단면(앞면, 수평 편파)

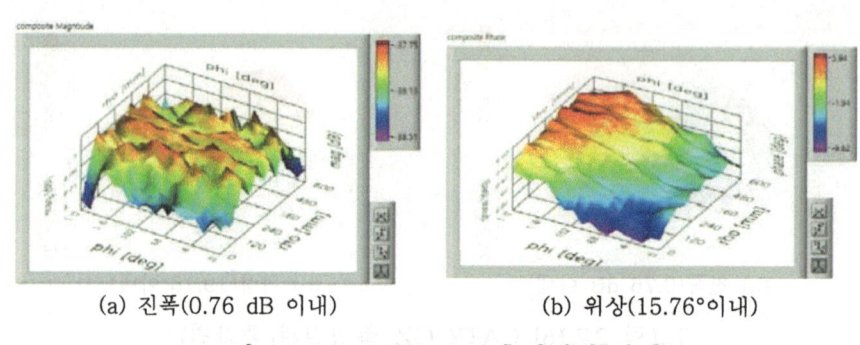

(a) 진폭(0.76 dB 이내)　　　　(b) 위상(15.76°이내)

[그림 2.2.19] CATR QZ 측정결과(앞면)

위 결과에서 확인된 바와 같이, 이천센터에서 구축한 CATR 챔버는 지름 60 ㎝ x 깊이 40 ㎝ 범위에서 원통형으로 진폭 1 dB이내, 위상 22.5°이내 범위에서 QZ 특성이 확보되었음을 검증하였다.

제 3절 이천센터 구축 안테나 고속측정시스템

2.3.1 이천센터 안테나 고속측정시스템

2차년도 안테나 고속측정시스템은 2개의 원형구조 프레임에 각각 16개의 측정용 프로브-안테나를 배열하여 저대역(5G FR1: 3 ㎓ ~ 18 ㎓)과 고대역(5G FR2: 18 ㎓ ~ 40 ㎓) 주파수 범위에서 측정가능하도록 설계·구축하였다. 이천센터에 구축한 고속측정시스템의 자세한 규격은 <표 2.3.1>에 정리하였다.

<표2.3.1> 신기술 적용 안테나 고속측정시스템 2차년도 규격

항목		요구 규격	비 고
전기적 성능	시험 주파수	3 ~ 18 ㎓	3.4~3.7 ㎓ 포함한 프로브 동작 전체대역
		18 ~ 40 ㎓	24~29 ㎓ 포함한 프로브 동작 전체대역
	측정시간	30분 이하(빔 고정) 48시간 이하(빔 가변)	
	주빔의 측정 오차범위	0.9 dB 이내	RMS deviation
	제1부엽의 측정 오차범위	1.2 dB 이내	RMS deviation
	주빔의 편향각 오차	(파장/개구면 최대크기)/4 이하	
	측정 파라미터	안테나 이득	
		안테나 방사패턴	
		총복사전력 (TRP)	Antenna average gain 제공
기계부	크기	2.7 (W) x 2.7 (L) x 2.8 (H) 이내	
	원형구조물 프레임 개수	총 2개	
	AZ/EL 틸팅	고니어미터 활용 (Encoder Feedback)	기계적 모션 제어명령 제공/기술지원
	정밀도	±0.1 deg.	
프로브	개수	Low band : 16개 High band : 16개	가능한 범위내 360° Fully Array
	편파	이중 편파 (H-pol 및 V-pol)	Typ. 이득 6 dBi
	동작주파수	3 ~ 18 ㎓	
		18 ~40 ㎓	
	선택	스위치 매트리스	스위치박스 제어명령 제공/기술지원
	타입	Quard-ridged Horn Antenna	
AUT	최대 크기	1.0미터 (3.5 ㎓ 대역)	
		0.5미터 (28 ㎓ 대역)	

	최대 무게	50 kg	
	종류	Passive	
RF	계측기	Vector network analyzer	
	저잡음증폭기 (LNA)	각 band 별 적용	
캘리브레이션 시험	캘리브레이션용 포지셔너, 안테나, 케이블		
소프트웨어	스위치 박스, 모터, 계측기 제어		
	측정 데이터 획득 및 저장		
	근역장-원역장 변환		
	측정파라미터 도출 및 도시		
PC 세트	고성능 및 27인치 모니터		

2.3.2. 기계부 & AUT 단 설계 형상

[그림 2.3.1]에서 보여주는 것처럼 기계부는 서로 교차되는 2개의 원형구조 프레임과 AUC를 거치하여 측정하기 위한 중앙 하단부에 위치한 구동부로 구성되어 있다. 첫 번째 원형구조 프레임에는 3 ㎓ ~ 18 ㎓ 대역(5G FR1) 고속측정을 위한 프로브 16개를 위치시키고, 나머지 다른 아크 프레임에 18 ㎓ ~ 40 ㎓ 대역(5G FR2) 주파수 범위에서 동작하는 프로브 16개를 위치시켰다. 고속측정을 위해 각각의 프로브에는 RF 스위치가 장착되어 있다. 또한 구동부는 Phi축, Theta축, Lower AZ축으로 정밀이동이 가능하도록 구성하였다..

[그림 2.3.1] 기계부 형상 프레임 구조

2.3.2.1. 원형구조물 프레임 형상

[그림 2.3.2]에서 보여주는 것과 같이 각각의 원형구조 프레임에는 16개의 프로브를 장착시키기 위한 홀(hole)이 뚫려 있으며, 하부 프레임은 FR1 대역과 FR2 대역을 스위칭 할 수 있도록 phi 축으로 360° 회전 가능하며, 1° 이하의 정밀한 측정을 위한 고니어미터(각도기)로 구성된다. 프로브 프레임은 4개의 RF-스위치 박스에 묶여 제어되도록 구성되어 16개의 프로브가 20° 간격으로 해당 위치에 정밀하게 이격되어 조립되었다. 각각의 위치는 레이져 트레커로 정밀측정하여 챔버내에 위치시켰다.

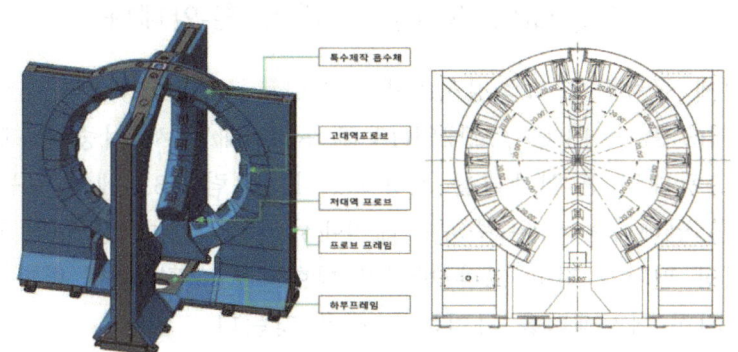

[그림 2.3.2] 아크 프레임 형상 및 제원

2.3.2.2. 중앙 하부 구동부 형상

구동부는 [그림 2.3.3]에서 보여주는 것과 같이 측정주파수(FR1 및 FR2) 변환을 위한 Lower AZ 축과 AUC를 360° 총 방사전력 고속측정을 위한 360° 회전가능한 phi축, 0°에서 20°까지 정밀이동이 가능하도록 Theta을 제어하기 위한 고니어미터로 구성되어 있다. 앞서 설명한 것과 같이, Lower AZ축은 최하단 구동축을 회전 구동하여 저대역(3 ㎓ ~ 18 ㎓)/고대역(18 ㎓ ~ 40 ㎓) 프로브가 배열된 원형구조 프레임을 선택한다. 그 다음 Theta 축은 고니어미터를 사용하여 프로브 간격 보다 작은 샘플링 간격으로 측정데이터 수집을 지원한다. Phi축은 멀티 프로브와 RF스위치와 함께 이용되어 3D 측정이 가능하도록 지원한다. Cal Phi축은 약간씩 차이가 나는 프로브의 특성 및 경로손실 차이값을 보정해 주기 위한 교정(Calibartion)을 위해 고안되었으며, 프로브 안테나를 캘리브레이션 할 때 기준 안테나를 각 프로브 방향으로 회전하면서 조준한다.

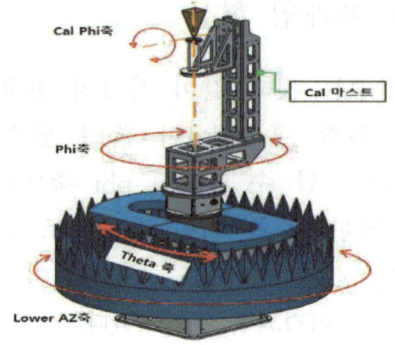

[그림 2.3.3] 구동부 형상 및 구성

2.3.3 쿼드리지드(Quad-ridged) 광대역 혼-안테나

이천센터에 구축한 고속측정시스템은 3 ㎓ ~ 40 ㎓ 광대역 서비스 지원을 위해 저대역(3 ㎓ ~ 18 ㎓)/고대역(18 ㎓ ~ 40 ㎓)에서 이중편파로 동작하는 쿼드리지드 광대역 혼-안테나를 적용하였다. [그림 2.3.4]에서 보는바와 같이, 쿼드리지 혼 안테나는 넓은 주파수 대역에서 동작하며, 수평/수직 편파에 따른 이득 및 위상 편차가 적고 고각/방위각 방향으로 수평/수직 편파 송신 및 수신 시에 유사한 복사패턴을 가지는 장점을 갖는다.

2.1.3.1. 구축한 프로브 안테나

(a) 저대역 프로브 형상   (a) 고대역 프로브 형상

[그림 2.3.4] 시스템에 적용한 쿼드리지드 프로브 형상

  원형구조 프레임에 조립되는 프로브는 외부의 이물질 삽입을 방지하기 위하여 혼의 전면부에는 테프론 재질의 레이돔을 적용하였으며 전기적 성능 변화가 최소화되도록 두께를 조절하여 가공하였다. 16개의 저대역 프로브는 [그림 2.3.5]에서 보여주는 것과 같이, 구동부 간섭을 고려하여 원형 아크에 20° 간격으로 배치한 후 안테나 간 반사 및 커플링 효과를 최소화하기 위해 특수흡수체로 마감하였다.

[그림 2.3.5] 프로브 배치 형상

2.3.4 스위치 매트리스를 적용한 RF 채널구성

  RF 채널 구성은 다음과 같다. 고대역/저대역 프로브는 각각 4개씩 하나의 스위치로 묶여 4개의 스위치 박스에서 제어되고 저잡음 증폭기에서 수신 신호의 SNR를 크게 확보한 후 최종 5번째 스위치 박스를 통해 네트워크 분석기로 수신된다. 관련된 RF 채널 구성은 그림 [2.3.6]에서 보여준다.

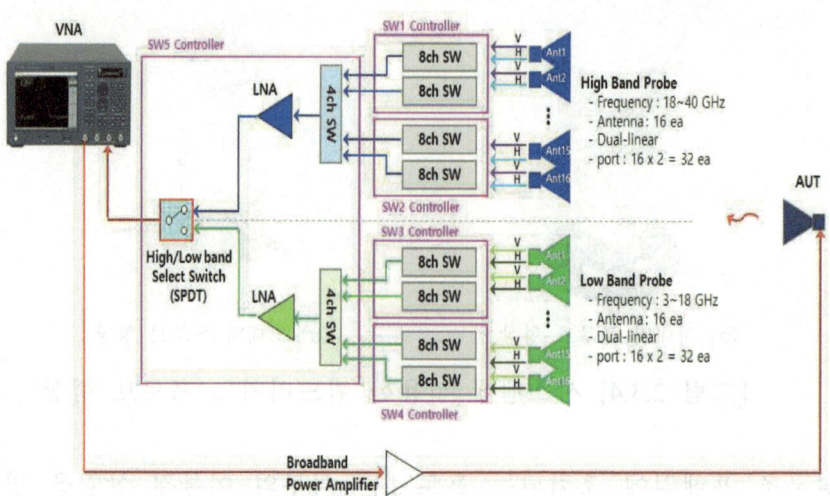

(a) RF 채널 구성도

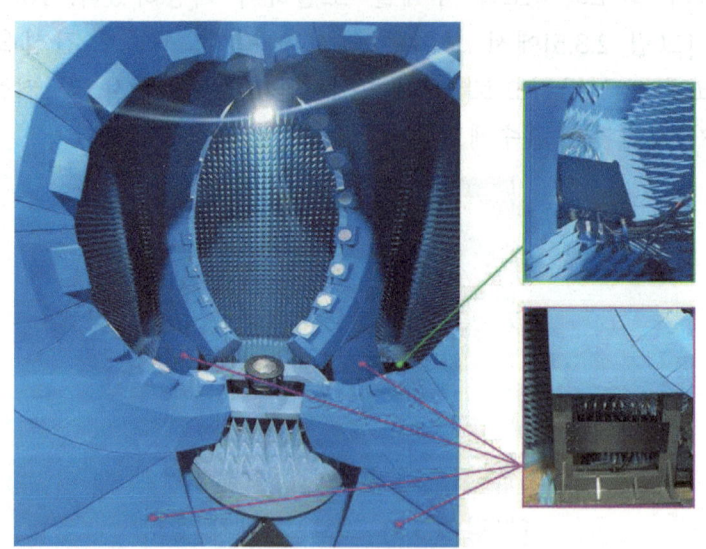

(b) 스위치 컨트롤러 배치 위치

[그림 2.3.6] RF 채널 구성

2.3.4.1 송신부 구성

VNA로 출력된 RF 신호를 PA에서 증폭시킨 후, AUT를 통하여 공간으로 방사한다. 관련 송신부 구성품은 <표 2.3.2>과 같이 정리하였다.

<표 2.3.2> 송신부 구성품

분류	항목	내용	형상
Power Amplifier	모델명	ZVA-02443HP+	
	특성	Freq. = 2 ㎓ ~ 43.5 ㎓ Gain = 37 dB	
	제조사	minicircuits	
RF cable	모델명	CSVA4	
	특성	Freq. = ~40 ㎓ Low Loss & Phase Stable	
	제조사	Comocell	

2.3.4.2 수신부 구성

수신부의 경우, 방사된 RF 신호를 4채널/8채널 스위치 제어를 통해 16개의 프로브를 선택적으로 인가받아 LNA에서 증폭시킨 후 VNA로 전달한다. 수신부 구성품은 <표 2.3.3>와 같이 정리하였다.

<표 2.3.3> 수신부 구성품

분류	항목	내용	형상
SP8T	모델명	SK8-0524036550-KFKF-AD1	
	특성	Freq. = 0.5~40 ㎓ Isolation = 50 dB Switching Speed = 50 ns Switch Type = Absorptive	
	제조사	SAGE Millimeter	
	비고	저/고대역 공용	
SP4T	모델명	SK4-0524335060-KFKF-A3	
	특성	Freq. = 0.5~43 ㎓ Isolation = 45 dB Switching Speed = 100 ns Switch Type = Absorptive	
	제조사	SAGE Millimeter	
	비고	고대역용	
SP4T	모델명	PE71S6255	
	특성	Freq. = 1~18 ㎓ Isolation = 70 dB Switching Speed = 100 ns Switch Type = Absorptive	
	제조사	PASTERNACK	

	비고	저대역용	
LNA	모델명	SBL-1834034030-KFKF-S1	
	특성	Freq. = 18~40 GHz Gain = 40 dB Noise Figure = 3 dB	
	제조사	SAGE Millimeter	
	비고	고대역용	
LNA	모델명	ZVA-183-S+	
	특성	Freq. = 0.7~18 GHz Gain = 26 dB Noise Figure = 3 dB	
	제조사	minicircuits	
	비고	저대역용	
SPDT	모델명	RFSPDT40EMC-T	
	특성	Freq. = DC~40 GHz Isolation = 60 dB Switching Speed = 20 ms Switch Type = Mechanical	
	제조사	RF-LAMBDA	
	비고	저/고대역 공용	
RF cable	모델명	CSVA4	
	특성	Freq. = ~40 GHz Low Loss & Phase Stable	
	제조사	Comocell	
	비고	고대역용	
RF cable	모델명	CSVA1	
	특성	Freq. = ~18 GHz Low Loss & Phase Stable	
	제조사	Comocell	
	비고	저대역용	

제4절 나주 본원 구축 안테나 고속측정시스템

2.4.1 나주 본원 안테나 고속측정시스템

나주 본원에 구축한 고속측정시스템은 84개의 프로브-수신기 일체형 모듈을 원형구조물 프레임에 배열하여 28 GHz 대역 고속측정을 지원한다. 시스템 규격은 <표 2.4.1>에 자세히 정리하였다.

<표2.4.1> 프로브-수신기 모듈 적용 고속측정시스템 규격

	항 목	요구 규격	비 고
전기적 성능	시험 주파수	24 ~ 30 GHz	프로브 동작 대역 기준
	측정시간	12분 이내	
	주빔의 측정 오차범위	0.5 dB 이내	RMS deviation
	제1부엽의 측정 오차범위	1.0 dB 이내	RMS deviation
	주빔의 편향각 오차	(파장/개구면 최대크기)/4 이하	
	측정 파라미터	안테나 이득 안테나 방사패턴 TRP	
기계부	크기	4m(W)×4m(H)×4m(L)	
	아크 개수	총 1개	
	AZ/EL 틸팅	고니어미터 활용 (Encoder Feedback)	기계적 모션 제어명령 제공/기술지원
	정밀도	±0.1 deg.	
프로브	개수	84개	가능한 범위내 360° Full Array
	편파	이중 편파 (H-pol 및 V-pol)	Cross-polarization -20 dB 이하
	동작주파수	24 ~ 29 GHz	
	선택	디지털통신, 개별 동작	
	타입	Quad-ridged Horn Antenna	
AUT	최대 크기	0.5미터 (28 GHz 대역)	
	최대 무게	50 kg	
	종류	Passive	
RF	계측기	능동형 수신모듈을 각 프로브마다 설치	
	저잡음증폭기 (LNA)		

캘리브레이션 시험	캘리브레이션용 포지셔너, 안테나, 케이블	
소프트웨어	스위치 박스, 모터, 계측기 제어	
	측정 데이터 획득 및 저장	
	근역장-원역장 변환	
	측정파라미터 도출 및 도시	
PC 세트	고성능 및 27인치 모니터	

2.4.2. 기계부 & AUT 단 설계 형상

[그림 2.4.1]과 [그림 2.4.2]에서 보여주는 바와 같이, 기계부는 약 1.8m 지름을 갖는 1개의 원형구조물 프레임과 중앙 하단에 있는 구동부로 구성되며, 원형구조물 프레임에는 5G 이동통신 서비스를 포함하는 84개의 밀리미터파 대역 프로브-수신기 결합 모듈이 장착될 수 있도록 4° 단위로 체결할 수 있도록 설계되었으며, 원형구조물 프레임 우측 하단에 85번째 reference 수신기가 결합된다. 또한, 구동부는 AUT를 360° 방위각(phi) 방향으로 회전하는 포지셔너와 앙각(theta) 방향의 회전을 담당하는 고니어미터가 포함된다.

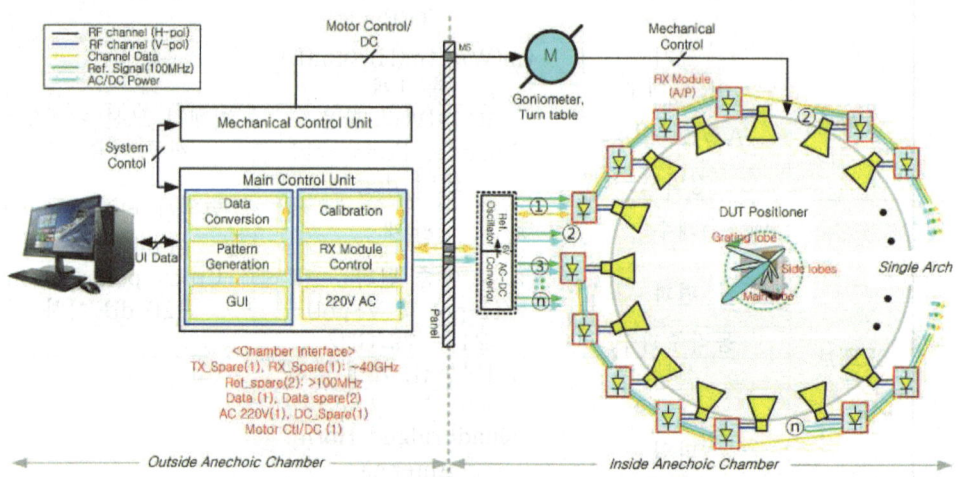

[그림 2.4.1] 전체 측정시스템 구성

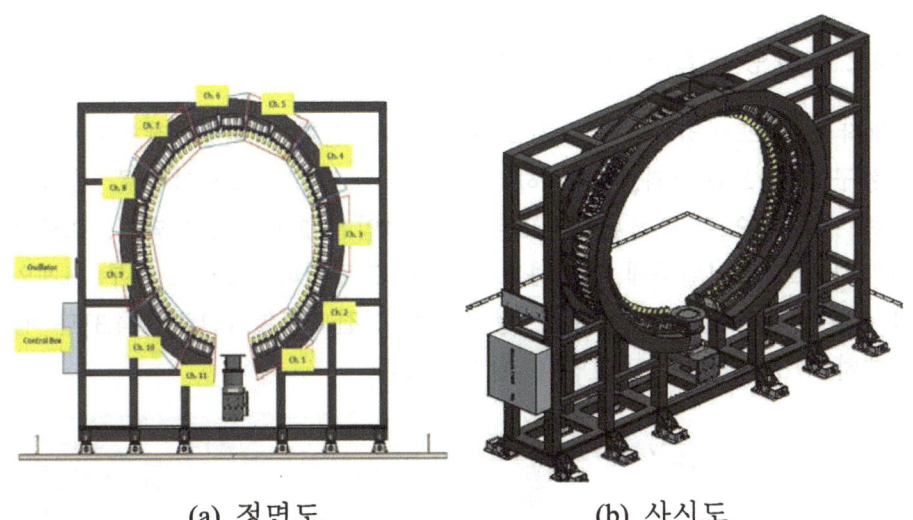

(a) 정면도　　　　　　　　(b) 사시도

[그림 2.4.2] 프로브가 체결된 기구 및 구동부 구성

[표 2.4.2] 전체 기계부 및 구동부 장치 규격

	규격
원형구조물	프로브 안테나 장착 및 기계적 정렬 가능한 구조
	형상 : 원형구조물 프레임 용접
포지셔너 시스템	방위각 구동 포지셔너
	포지셔너 구동 제어기
	고니어미터
	수직 허용 하중 50 kg
	구동 정밀도 ±0.1°
	구동 속도 Max. 3rpm
	360° 연속 회전
	RF Rotary joint
	Slip-ring
Calibration 포지셔너	포지셔너 시스템에 장착 가능한 구조
	고각 구동
	허용하중 5 kg
	구동 정밀도 ±0.1°
	구동 속도 Max. 3rpm

2.4.2.1 원형구조물 프레임 형상

제작되는 프레임 형상은 프로브-수신기 결합 모듈을 장착할수 있는 원형구조물 프레임과, 중앙 하부에 위치한 AUT 포지셔너를 제어하기 위한 프레임으로 구성된다. 프로브 프레임은 2개로 구성되며, 프로브를 4.0° 간격으로 정밀하게 위치하도록 하여 조립된다. 그리고 하부 프레임은 각 프로브 프레임과 구동부가 정밀하게 연결되도록 [그림 2.4.3]과 같이 설계하여 3차원으로 프레임을 제작하였다.

(a) 기본 구조도   (b) 제작 형상

[그림 2.4.3] 아크 프레임 구조 및 제작 형상

2.4.2.2. 구동부

구동부 형상 및 구성은 [그림 2.4.4]와 같다. Phi축, Theta축, Lower AZ 축으로 구성되며 각 축의 역할은 다음과 같다.

- Theta축 : 현재 4°간격으로 위치시킨 프로브 간격 보다 작은 샘플링 간격의 측정을 지원한다.
- Phi축 : 360° 바향으로 AUT를 회전하면서 3D 측정이 가능하도록 지원한다.
- Cal Phi축 : 캘리브레이션을 하기 위해 캘리브레이션 안테나를 각 프로브 방향으로 조준하면서 Theta 방향으로 회전한다.

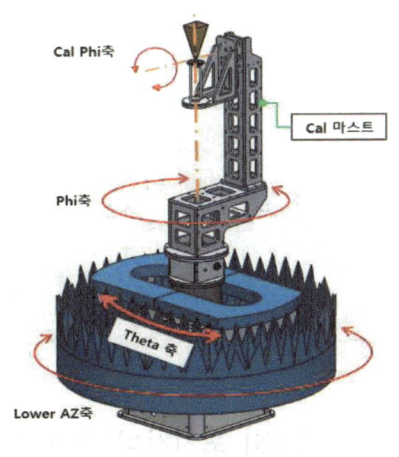

(a) 구동부 형상 및 구성

[그림 2.4.4] 구동부 형상 및 구성

2.4.2.3. AUT 장착 포지셔너 시스템

AUT 장착 포지셔너 시스템은 고니어미터(Goniometer)와 방위각 포지셔너(Azimuth Positioner)로 구성하며, 각 구동축의 역할 및 규격은 <표 2.4.3>에 나타내었으며, 포지셔너 시스템 구성 및 고니어미터 구동과 관련된 세부적인 사항은 [그림 2.4.5] ~ [그림 2.4.6]에서 설명된다.

- 고니어미터 : 프로브 안테나 배치 간격인 4° 사이의 측정 및 위치 정렬용
- 방위각 포지셔너 : 3D 측정 및 위치 정렬용

<표2.4.3> AUT 장착 포지셔너 시스템 규격

포지셔너 시스템 설계규격		비고
고니어미터	구동 정밀도 : ±0.1° 이하	
	구동 범위 : ±3.0°	
방위각 포지셔너	구동 정밀도 : ±0.1° 이하	
	구동 범위 : 360° 연속 회전	
	구동 속도 : Max. 3rpm	
	40GHz, 1ch RF Rotary joint 적용	
	Slip-ring 적용	
포지셔너 시스템	수직 허용 하중 : 50kg	

[그림 2.4.5] 포지셔너 시스템 구성

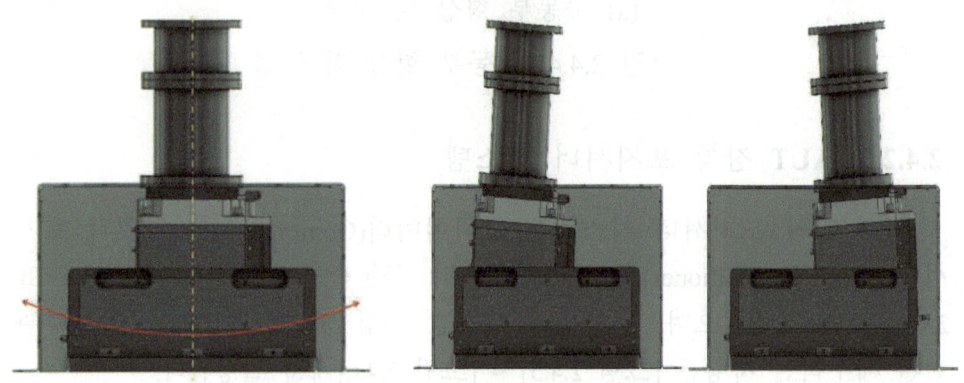

[그림 2.4.6] 고니어미터 구동 범위(±2°)

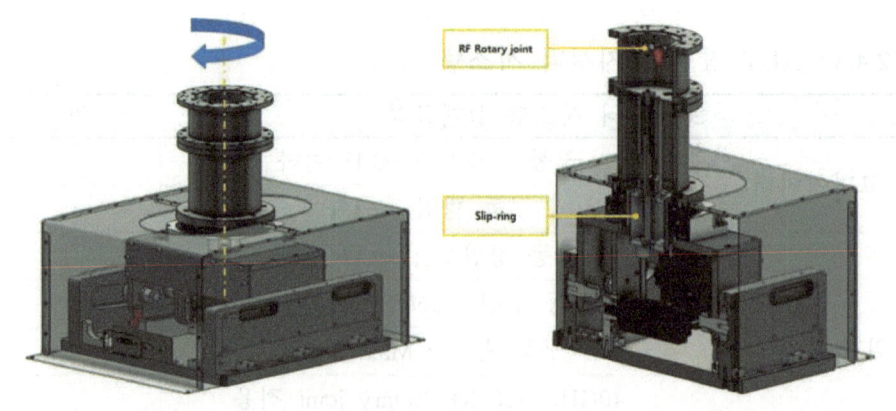

[그림 2.4.7] 방위각 포지셔너 및 세부 구조

2.4.2.4 원형구조물 프레임 제작 형상

프로브-수신기 결합모듈을 4° 간격으로 일정하게 장착하기 위해 용접 후 정밀 기계 가공으로 [그림 2.4.8]과 같이 제작하였다. 이후 조립된 안테나 프로브와 결합된 수신기 모듈은 [그림 2.4.9]와 같이 4° 간격으로 정밀 조립하여 장착하였다.

[그림 2.4.8] 원형구조물 프레임 조립 형상

[그림 2.4.9] 프로브-수신기 장착

[그림 2.4.10] 프로브 안테나 기계적 정렬

[그림 2.4.10]에서 보여주는 바와 같이, 조립 및 설치하는 과정에서 라인레이져 및 레이져트레커를 사용하여 설계한 3차원 공간 좌표상에 프로브-수신기 결합 모듈이 정확하게 위치할 수 있도록 정밀하게 조립하였다.

2.4.2.5 흡수체 마감

흡수체는 측정 시 무반향 챔버 내부의 반사 전계를 줄이는 역할을 한다. 흡수체의 반사율은 주파수에 따라 다르므로 각 챔버의 이용 주파수에 따라 적합한 사양의 흡수체를 적용해야 한다. 특히, 화재 발생을 대비하여 난연테스트(NRL Report 8093 Test 1,2,3)를 완료한 제품을 선정한다.

챔버 벽면은 VHP-8-NRL, 코너 마감재는 FS-50제품을 설치한다. 그리고 챔버 내부 접근을 위해 Walk-Way Absorber(VHP-8-FL)를 아크 프레임에 맞춰 오각형 형태로 주문 제작하여 적용한다. [그림 2.4.11]에서 보여주는 흡수체의 형상을 보여주고 있으며, 아래 [그림 2.4.12]은 측정시스템 전체에 전파흡수체를 시공한 형상을 보여주고 있다.

- 챔버 벽면/바닥 : VHP-8-NRL, Pyramidal absorber
- 바닥(일부) : VHP-8-FL, Walkway absorber
- 아치 구조물 : FS-50, Flat Absorber

(a) Pyramidal absorber　(b) Walkway absorber　(c) Flat Absorber

[그림 2.4.11] 전파흡수체 모델

[그림 2.4.12] 측정시스템 전파흡수체 시공 형상

이번 장에서는 이천센터 사후관리과에 구축되어 있는 CATR 시스템과 연구원에서 지난 3년간 개발한 5G 안테나 고속측정시스템에 대해 소개하였다. 다음 장에서는 개발한 5G 고속측정시스템의 유효성 검증을 위해 패치 어레이 안테나를 제작하여 기존에 지정시험기관에서 적합성평가 시험에 사용하고 있는 CATR 챔버와 고속측정시스템에서 측정하고 결과를 상호비교하여 고속측정시스템 및 측정방법에 대한 유효성을 증명하고자 한다.

제3장
시스템 유효성 검증을 위한 상호비교 시험

National Radio Research Agency

제3장 시스템 유효성 검증을 위한 상호비교 시험

이번 장에서는 앞장에서 소개한 것처럼, 국립전파연구원에서 개발한 고속 측정시스템의 유효성 검증을 위한 연구를 수행하고자 한다. 유효성 검증을 위해 기준시료(패치 어레이)안테나를 제작하여 기존의 CATR 시스템과 이천 및 나주에 구축한 고속측정시스템에서 각각 측정하고 그 결과를 상호비교 하였다. 1절에서는 제작한 패치안테나를 간략히 소개하고, 3개의 시스템으로 측정한 상호비교결과 분석을 통한 유효성을 검증연구 결과에 대해 소개하고자 한다.

제1절 제작한 패치 배열 안테나

연구원에서 개발한 5G 안테나 고속측정시스템을 검증하기 위하여 [그림 3.1.1]과 같이 마이크로스트립 8x10 패치 배열 안테나를 제작하였다. 제작한 빔포밍 안테나는 5개의 포트로 구성되었으며, 로트만 렌즈를 통해 10개의 패치 어레이 안테나로 신호를 방사한다. 이때 포트별 신호 안가에 따라 -14°, -7°, 0°, 7°, 14° 5개 방향으로 빔 조향이 가능하다.

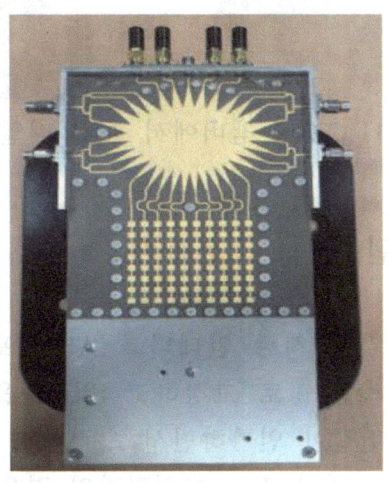

[그림 3.1.1] 제작한 8x10 패치 배열 안테나

제2절 CATR 챔버를 사용한 안테나 측정

3.2.1. CATR 챔버에서의 안테나 방사패턴 측정

이번 절에서는 CATR 챔버에서 유효성 검증을 위해 제작한 8x10 패치 배열 안테나의 특성을 검증한다. [그림 3.2.1]에서 보여주는 바와 같이 기준 시료 안테나는 CATR 내에 있는 AUT 컨트롤러에 장착시켰으며, QZ 특성을 만족하는 원역장 조건인 상태에서 측정하기 위해 디지털 각도계를 사용하여 컨트롤러의 수평을 0°로 정확하게 셋팅하였다. 왜냐하면 앞장에서 설명한 것처럼 안테나 측정은 Radial scan 방식으로 진행되기 때문에, 안테나 중심점과 안테나 끝단에서의 위상값 오차를 최소화하려면 수평을 잡는 것이 중요하다.

[그림 3.2.1] CATR 챔버에서 패치 배열 안테나 측정

3.2.2. CATR 방사패턴(이득) 측정결과

[그림 3.2.1]과 같이 기준 시료 안테나를 AUT 포지셔너에 거치하고 수직편파방향에서 Theta 축은 0°로 고정하고 Phi 축을 0°에서 180° 회전하면서 5개 포트에 신호를 번갈아 인가하면서 수직편파 특성을 측정하였다. [그림 3.2.2] a)에서 보여주는 바와 같이 수직편파의 경우 입력포트에 따라 7° 간격으로 -14° ~ +14° 방향으로 안테나 빔이 틸팅되는 것을 확인할 수 있다. 이때 가운데(3번) 포트에 입력 신호 인가 시 안테나 최대 피크 이득이 18.3 dBi의 값을 얻었다. 반면, 안테나를 수평방향으로 거치하고 Theta 축은 0°

로 고정하고 Phi 축을 0°에서 180° 회전하는 방식으로 5개 포트에 신호를 번갈아 인가하면서 수평편파 특성을 측정했을 경우 측정결과는 [그림 3.2.2] b)와 같이 도식되며 3번 포트를 제외한 나머지 포트에서는 최대 빔 피크값을 찾지 못함을 알 수 있다. 이는 수평편파의 경우 안테나 빔 패턴이 중앙이 아닌 다른 방향에서 최대가 되기 때문에 5G 기자재 적합성평가 시험에서 2D-Cut 측정에 한계가 있음을 확인하였다.

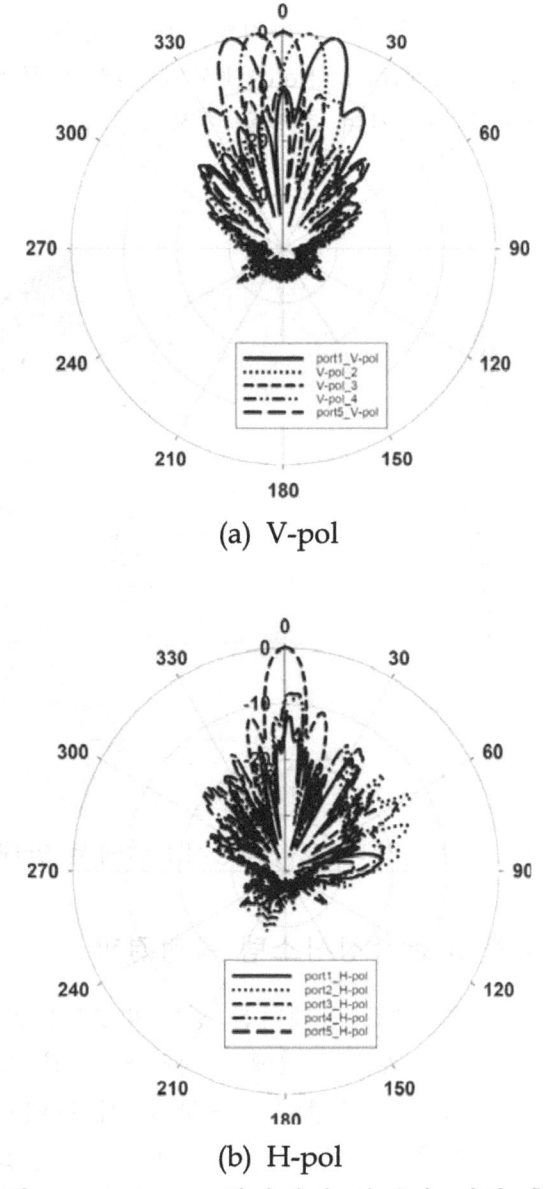

(a) V-pol

(b) H-pol

[그림 3.2.2] CATR 챔버에서 안테나 패턴 측정결과

제3절 이천센터 구축 고속측정시스템 유효성 검증

3.3.1. 이천센터 구축 고속측정시스템에서의 안테나 방사패턴 측정

이번 절에서는 이천센터에 구축한 고속측정시스템에 대한 유효성 검증을 위해 제작한 8x10 패치 배열 안테나 방사패턴을 측정하였다. [그림 3.3.1]에서 보여주는 바와 같이 기준 시료 안테나는 고속측정시스템 중앙에 있는 AUT 측정을 위한 구동부에 장착시켰였다. 상호비교 측정시에는 정확하게 챔버 중앙에 안테나의 높이를 설정했다. 하지만 고속측정시스템 측정영역에서의 불확도 평가를 위해 근역장(Near-field)에서의 QZ 특성을 평가하기 위해 안테나의 높이와 위치를 바꿔가며 측정을 수행하였다.

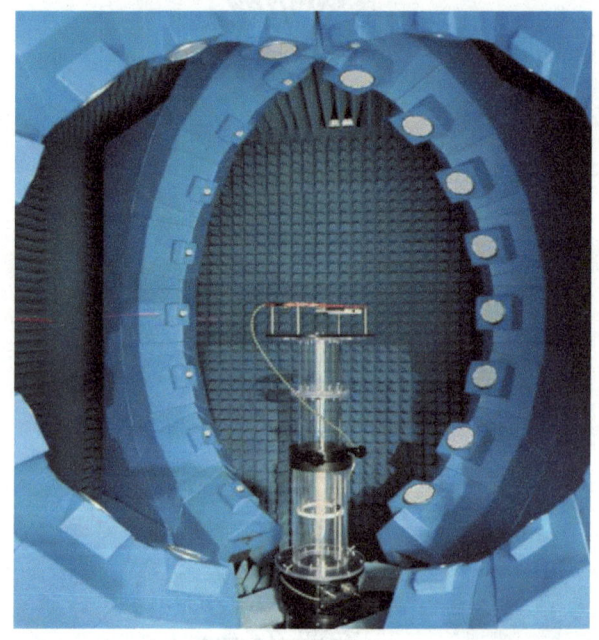

[그림 3.3.1] 이천센터 고속측정시스템에서 안테나 측정

3.3.2. 이천센터 구축 고소측정시스템 측정결과

[그림 3.3.1]과 같이 기준 시료 안테나를 중앙의 AUT 포지셔너 구동부에 거치하고 수직편파와 수평편파를 동시에 측정하였다. 본 시스템은 여러개의 프로브를 사용하기 때문에 고속측정이 가능하며, 사용하는 측정용 프로브는 수직/수평 편파를 동시에 측정 가능하기 때문에 측정시간을 약 15분 이내로 단축할 수 있다. 총 5개 포트에 신호를 번갈아 인가하면서 안테나 빔 조향

특성을 분석하였으며, CATR과 마찬가지로 최대 빔 피크 방향은 3번포트에 신호를 인가할 때 18.01 dBi의 이득을 갖음을 확인하였다. 반면 CATR과 달리 수평편파는 3D 방사패턴 전체 결과로부터 정확하게 빔 피크 값을 도출할 수 있음을 [그림 3.3.2]에서 확인할 수 있다.

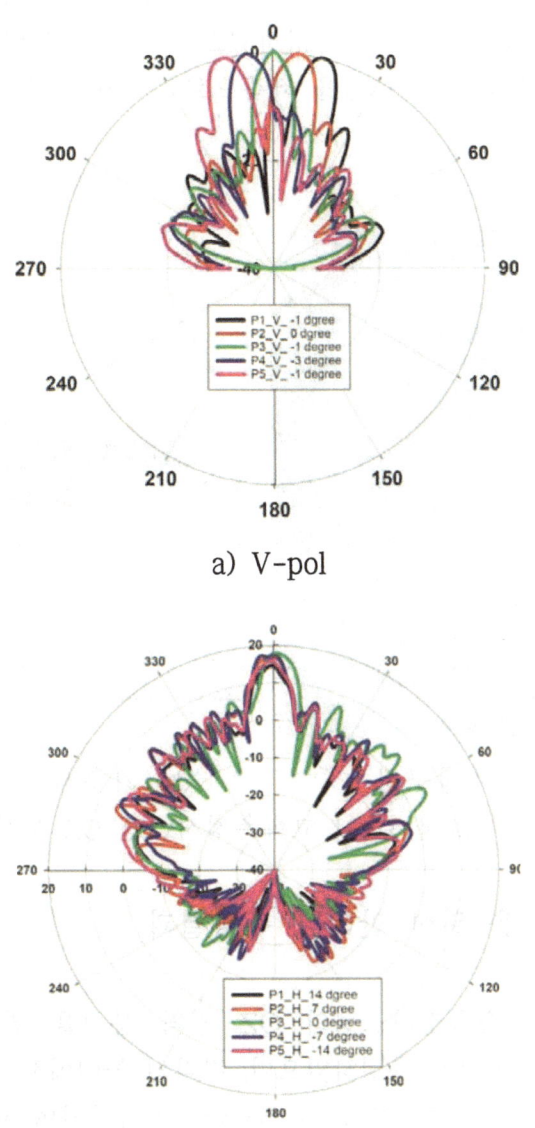

a) V-pol

b) H-pol

[그림 3.3.2] 이천센터 고속측정시스템 안테나 패턴 측정결과

3.3.2.1 고속측정시스템의 QZ 영역분석

앞 소절 3.3.1에서 설명한 것처럼, 근역장 고속측정시스템에서 측정불확도 평가를 위해서 QZ 영역을 측정을 통하여 분석하였다. [그림 3.2.3]에서 보여주는 바와 같이, QZ 분석을 위해 센터에서 보유한 측정보조기구 높이를 0 cm ~ 28 cm 까지 7 cm 간격으로 측정하였으며, 기준시료의 패치소자 길이 54 mm를 고려하여, 안테나의 중심을 좌측으로 27 mm, 55 mm 이동하여 측정하였다.

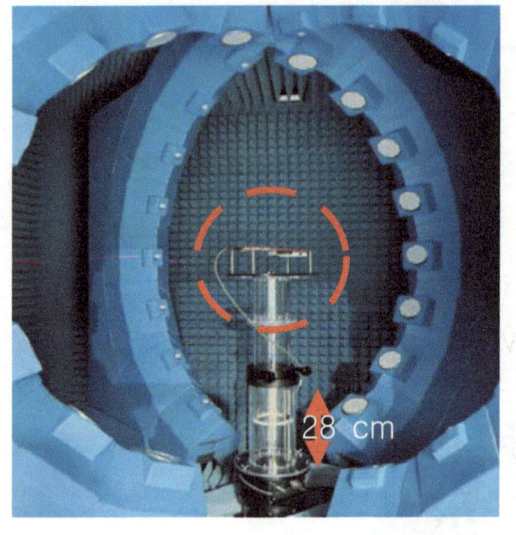 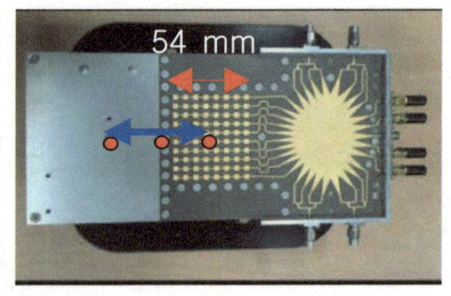

(a) QZ 분석 측정구성   (b) 기준시료 안테나 중심변경

[그림 3.3.3] 고속측정시스템 QZ 분석

3.3.2.2. QZ 분석을 위한 안테나 측정결과

이천센터 구축 고속측정시스템의 QZ 영역 분석을 위해 높이 0 cm ~ 28cm 까지 7 cm 간격으로 측정하였으며, 각각의 높이에서 기준 시료 안테나의 중심(0 mm)에서 좌측으로 27 mm, 55mm 위치시키며 측정을 수행하였다. [그림 3.3.4]에서 보여주는 바와 같이 높이 0 mm일때를 제외하고, 최대 피크 패턴과 안테나 부엽 특성은 거의 유사함을 확인하였다. 하지만 0mm 일 때 최대 피크값은 큰 차이가 없어 적합성평가 시 문제가 되지는 않을 것으로 판단된다. 15개 지점 최대 편차는 불확도는 0.56 dB로 평가되었다. 각각의 높이 및 안테나 중심위치 변화에 따른 측정결과는 <표 3.3.1>에 정리하였다.

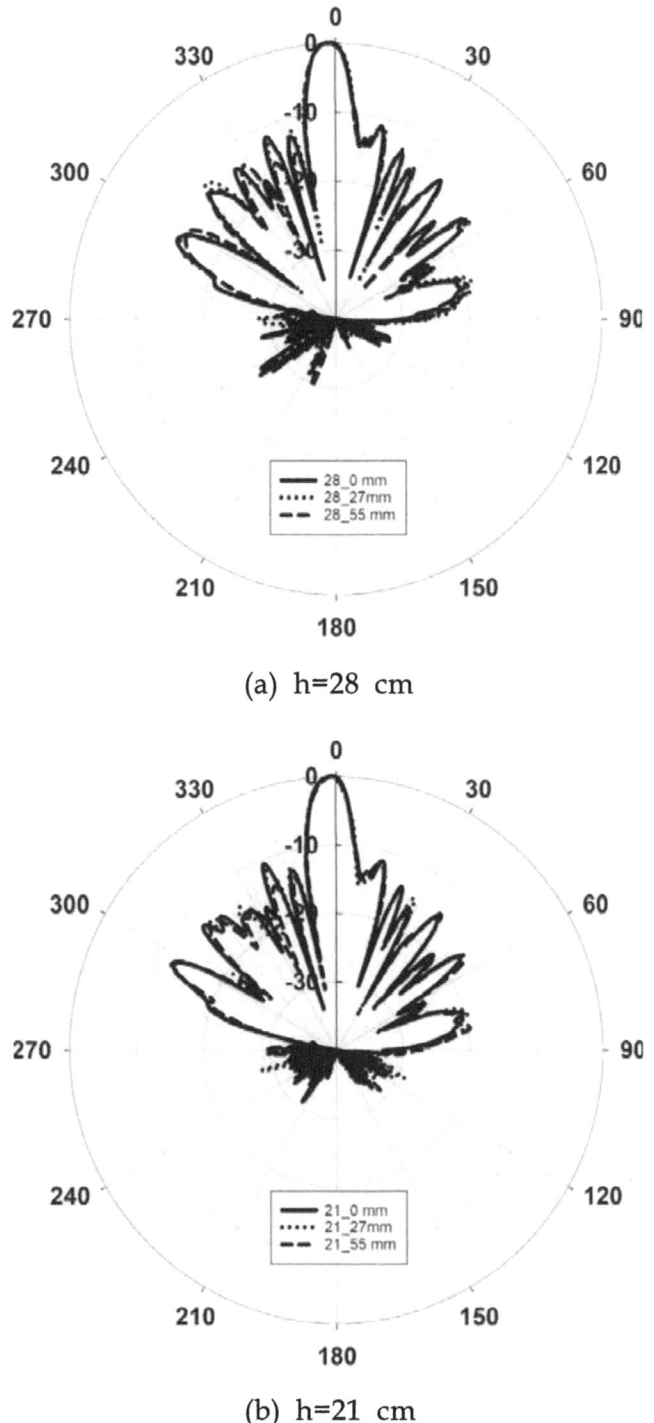

(a) h=28 cm

(b) h=21 cm

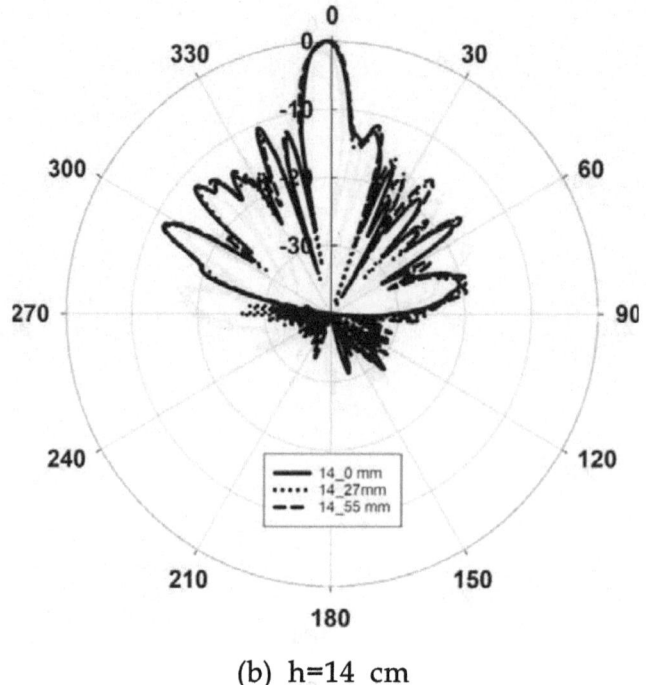

(b) h=14 cm

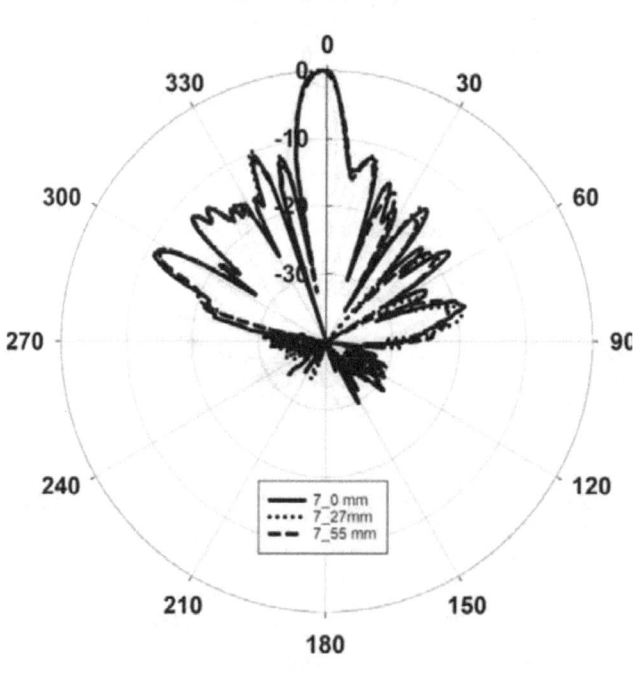

(d) h=7 cm

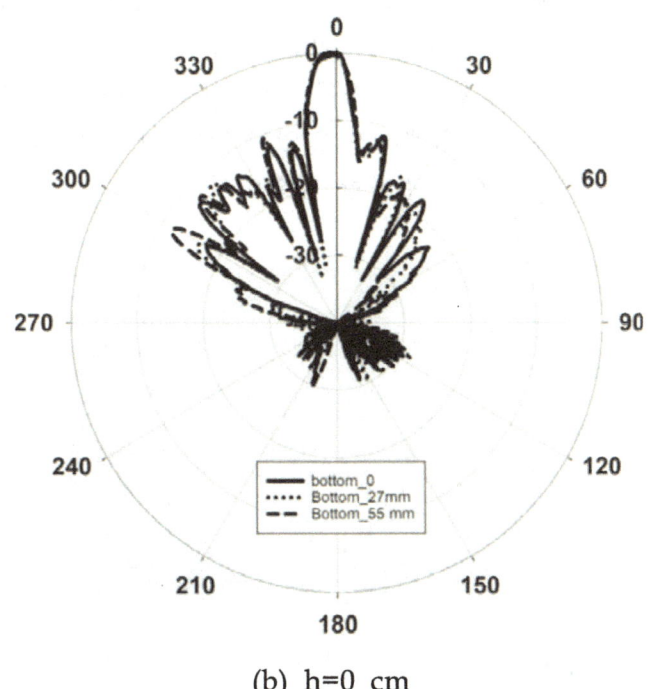

(b) h=0 cm

[그림 3.3.4] 고속측정시스템 QZ 분석 측정 결과

<표 3.3.1> 위치별 안테나 이득 특성 결과

거리	-55 mm	-27 mm	0	Aver.	18.01
28 cm	17.66	17.92	17.87	17.82	
21 cm	17.82	18.35	18.27	18.15	
14 cm	17.73	18.44	18.01	18.06	
7 cm	18.06	18.04	17.94	18.01	
0 cm	17.78	18.36	17.95	18.03	
Aver.	17.81	18.22	18.01		

제4절 나주 본원 구축 고속측정시스템 유효성 검증

3.4.1. 나주 본원 구축 고속측정시스템에서의 안테나 방사패턴 측정

이번 절에서는 나주 본원에 구축한 고속측정시스템에 대한 유효성 검증을 위해 제작한 8x10 패치 배열 안테나 방사패턴을 측정하였다. [그림 3.4.1]에서 보여 주는 바와 같이 기준 시료 안테나는 고속측정시스템 중앙에 있는 AUT

측정을 위한 구동부에 장착시켰였다. 상호비교 측정시에는 정확하게 챔버 중앙에 안테나의 높이를 설정했다. 이번 연구에서는 나주 구축 고속측정시스템 측정영역에서의 불확도 평가를 위해 근역장(Near-field)에서의 QZ 특성을 평가를 위한 측정은 수행하지 않았다. 하지만 향후 추가적으로 측정·분석하여 측정 불확도 항목에 추가할 계획이다.

[그림 3.4.1] 나주 본원 고속측정시스템에서 안테나 측정

3.4.2. 나주 본원 구축 고소측정시스템 측정결과

[그림 3.4.1]과 같이 기준 시료 안테나를 중앙의 AUT 포지셔너 구동부에 거치하고 수직편파와 수평편파를 동시에 측정하였다. 나주 구축 시스템은 84개의 프로브-수신기 결합 모듈을 사용하기 때문에 추가적인 손실없이 고속측정이 가능하다. 측정용 프로브는 수직/수평 편파를 동시에 측정 가능하기 때문에 측정은 약 12분 정도면 충분하다. 본 시스템에서도, CATR 및 이천센터 구축 고속측정시스템과 마찬가지로 최대 빔 피크 방향은 3번포트에 신호를 인가할 때 18.39 dBi의 이득을 갖음을 확인하였다. 따라서 3개 시스템을 이용하여 얻은 안테나 이득의 최대 편차는 0.38 dB 이내로 시스템 간 측정방법 유효성이 검증되었으며, 각각의 결과는 <표 3.4.1>에 정리하였다

<표 3.4.1>

	CATR	이천	MPAC-나주
Gain(dBi)	18.3	18.01	18.39

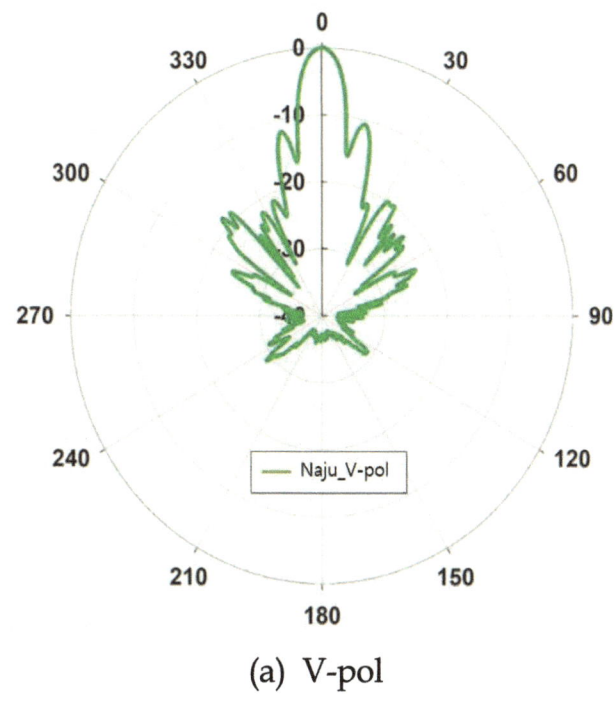

(a) V-pol

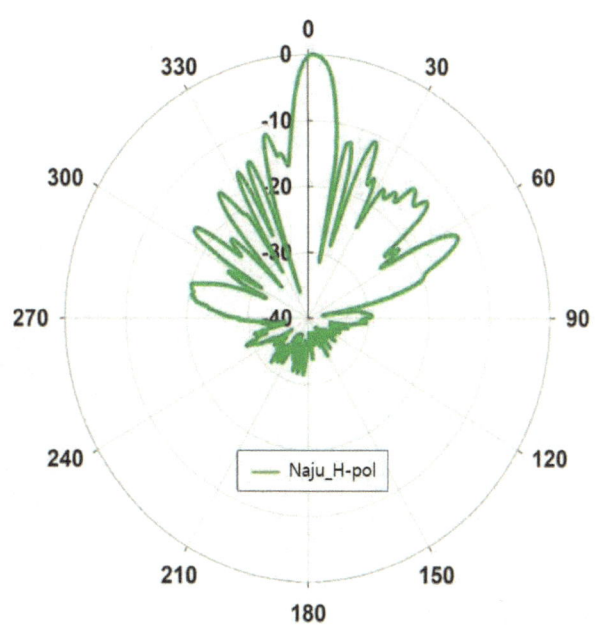

(b) H-pol

[그림 3.4.2] 나주 본원 고속측정시스템 안테나 패턴 측정결과

제4장
2022년도 3GPP 표준활동 결과

National Radio Research Agency

제4장 2022년도 3GPP 표준활동 결과

제1절 3GPP 기고서 발표 및 작업아이템(WI) 선정

이번 장에서는 개발된 이천/나주 5G 고속측정시스템 및 측정방법을 사용하여 5G 기자재 시험시간을 단축할 수 있다는 안으로 3GPP 국제표준에 기고 발표한 추진사항에 대한 내용을 기술하고자 한다. 아래 설명하는 기고서에 총 2가지 시험방법을 제안하였다. 첫 번째는 스위치 매트리스를 적용한 멀티프로브 안테나 챔버(이천센터 구축시설) 방식과 프로브-수신기 결합 모듈을 적용한 멀티프로브 안테나 챔버(나주 본원 구축시설)에 대한 것으로 기존 시험소에서 사용하고 있는 CATR 챔버 시설보다 이천 시스템의 경우 약 70%, 나주 시스템의 경우 약 95%까지 시험시간 단축이 가능하다. 발표된 기고서 내용을 다음과 같이 번역되어 설명한다.

4.1.1 3GPP 발표 기고서

3GPP TSG-RAN WG4 회의 #105 R4-2218724
정기 회의, 2022년 11월 14일 - 11월 18일

의제 항목: 8.14.2.4
출처: RRA, 조선대학교
제목: 테스트 시간 단축 방법론에 대한 가능한 솔루션
릴리스: Rel-18
제출 문서: 승인

---

1. 서론

RAN#97-e 회의에서 UE(User Equipment) TRP(Total Radiated Power) 및 TRS(Total Radiated Sensitivity) 요구 사항 및 테스트 방법론 향상에 대한 새로운 Rel-18 WI(Work Item)이 승인되었다.

본 기고서에서는, 스위치 매트릭스 및 다중 수신기를 사용한 NTFT(Near-Field to Far-Field Transformation) 방식으로 시험시간을 단축 할 수 있는 시험방법(MPAC, Multi Probe Anechoic Chamber 사용)에 대한 결과를 공유하고자 한다.

2. 본론

5G 기자재 시험시간 단축을 위한 해결책으로, RAN 4에서는 두 가지 실질적인 시험방법이 검토되었다. 본 기고서에서는 RAN4 그룹에 MPAC를 사용하여 시험 시간을 줄일 수 있는 다른 방법을 논의하고자 한다.

방법 1: 스위치 매트리스를 적용한 MPAC는 CATR에 비해 총방사전력(TRP) 시험 시간을 약 70%까지 줄일 수 있다.

- 시험을 위해 사용한 주파수는 28 ㎓대역이며, 개발된 시스템에서 측정 주파수는 FR1과 FR2 를 전환하여 사용 가능하다. 측정장비(분석기)의 스팬, 점유 대역폭 및 해상도 대역폭은 각각 200MHz, 100MHz 및 2MHz로 설정하였다. Theta 축의 스캔 각도는 -180° ~ +180°이고 Phi 축의 범위는 0° ~ 180°이다.
측정 스텝 각도는 모두 4°로 유지했으며, CATR의 경우 하나의 빔에 대한 측정 시간은 13시간 45분으로 총 825분으로 평가되었으며, 평가에 사용한 EUT는 빔 폭이 8°인 8 x 10 마이크로스트립 패치 어레이 안테나이다.

- 한편 스위치 매트리스를 적용한 MPAC의 스캔 시간은 250분으로 CATR의 825분에 비해 70% 단축되었다. 사용한 프로브 수는 16개이고 인접한 프로브 사이의 각도는 20°로 위치시켰다. Theta 축의 스캔 각도는 기계식 포지셔너로 인해 -160° ~ +160° 범위에서 동작하고, Phi 축의 범위는 0° ~ 180°이며 각도는 4°에 한 번씩 측정하였다. RF 체인은 RF 스위치 매트릭스를 사용하여 기계적으로 변경이 가능하다. 또한, 주파수는 크게 FR1과 FR2 주파수 대역으로 전환할 수 있다.

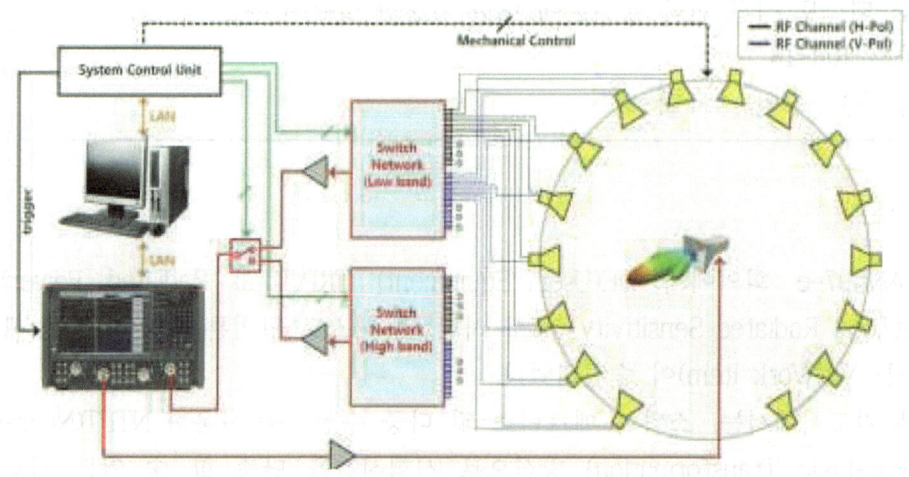

[그림 4.1.1] 스위치 매트리스를 적용한 MPAC

방법 2: 다중 수신기를 적용한 MPAC는 CATR에 비해 TRP 테스트 시간을 95%까지 줄일 수 있습니다.

- 다중 수신기 MPAC의 측정시간은 41분으로 CATR을 사용했을 때 825분 소요되는 것에 비해 95% 감소되었다. 사용한 프로브-수신기 결합 모듈은 84개이고 프로브간 이격 각도는 4°단위로 유지된다. Theta 축의 스캔 각도는 기계식 포지셔너로 인해 −168° ~ +168°이고, Phi 축의 범위는 0° ~ 180°이다. 측정 각도는 4°에 한 번씩 수행하였다.

- 스위치 매트릭스가 있는 MPAC와 비교할 때 절대적으로 다른 점은 RF 수신기가 수신 프로브에 직접 연결된다는 것인데, 이는 프로브와 RF 수신기가 일체형으로 조립되어 스위치 매트릭스가 필요하지 않다. 이는, 케이블에 의한 큰 손실을 고려하지 않아도 되는 장점이 있다. <표 4.1.1>에는 앞에서 설명한 3가지 방법에 대한 측정시간을 비교 정리하였다.

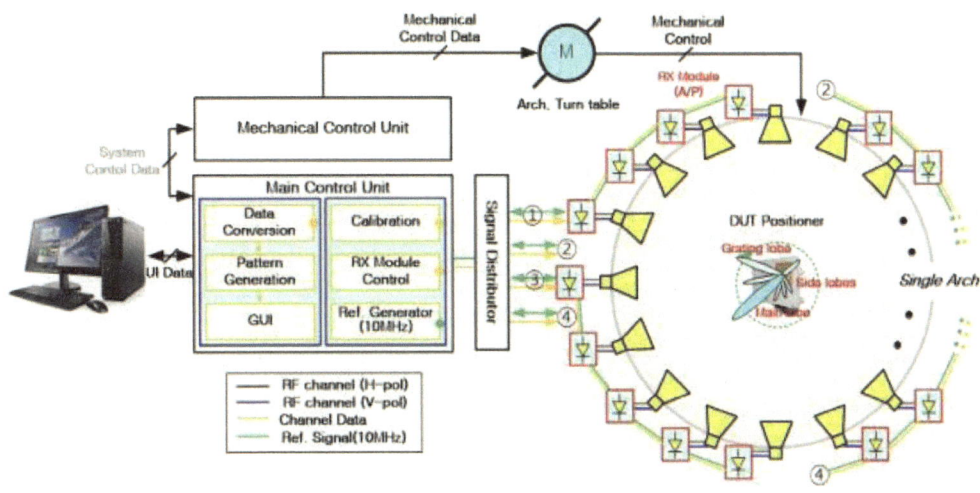

[그림 4.1.2] 프로브-수신기 일체형 모듈을 사용한 MPAC

<표 4.1.1> 세 가지 방법 간의 측정시간 비교

	IFF(CATR)	방법 1	방법 2
시스템	CATR	스위치 매트리스를 적용한 MPAC	프로브-수신기 일체형 모듈을 사용한 MPAC
측정시간(분)	825	250	41

따라서, 국립전파연구원에서는 아래와 같이 두가지 안건을 제안한다.

제안 1: RAN4는 CATR에 비해 시간을 70% 단축할 수 있는 NTFT 기반 스위치 매트릭스를 사용하는 MPAC의 장점에 대해 추가적인 논의가 필요하다.

제안 2: RAN4는 CATR에 비해 시간을 95% 단축할 수 있는 NTFT 기반의 다중 수신기를 적용한 MPAC의 장점에 대해 추가적인 논의가 필요하다.

3. 결론

본 기고서에서 NTFT 기반의 MPAC를 사용하여 5G 시험시간 단축을 할 수 있는 2가지 방법에 대한 결과를 공유하고자 제안했으며, 회의결과 해당 안건은 작업 아이템(WI)로 승인되어 향후 추가적으로 논의하기로 결정되었다.

제5장
맺음말

National
Radio
Research
Agency

제5장 맺음말

본 보고서에서는 5G 기자재 상용화에 따른 5G기자재 인증시험에 상당한 시험이 소요되는 문제를 해결하기 위해서 연구원에서 지난 2019년부터 2021년까지 3년에 걸쳐 개발한 '5G 안테나 고속측정시스템'에 대한 유효성 검증을 위해 수행한 연구결과에 대해 소개하였다. 또한 3GPP에서 논의된 5G 방송통신기자재 시험·검증을 위한 최신동향을 살펴보았다. 현재 국제표준에서 제시한 시험방법으로 세계 각국의 시험기관에서 받아들인 CATR 챔버에 대한 이론과 시험장 평가 방법 등 세부사항에 대해 알아보았다. 또한, 시험시간 단축을 위해 연구원에서 개발하여 이천센터에 구축한 스위치 매트릭스를 사용한 다중프로브 안테나 챔버(MPAC)와 나주 본원에 구축한 프로브-수신기 결합 모듈을 사용한 다중프로브 안테나 챔버(MPAC)의 고속측정방식에 대해서 소개하였다. 각각의 측정시스템의 측정능력 및 측정결과 신뢰도 평가를 위한 유효성 검증을 위해 8x10 패치 배열 어레이 안테나를 제작하여 각각의 시스템에서 측정하고 그 결과를 상호비교하였다. 측정결과 3개 시스템에서 모두 동일한 안테나 빔 패턴을 가졌으며 최대 안테나 이득은 CATR에서 18.3 dBi, 이천센터 구축 고속측정시스템에서 18.01 dBi, 나주 본원 구축 고속측정시스템에서 18.39 dBi로 최대 편차가 0.38 dB로 양호한 결과를 도출하였다. 또한 5G 기자재 총방사전력 측정에 대한 측정개념으로 CATR과 이천/나주 두 고속측정시스템으로 측정해본 결과 CATR은 825분이 걸렸으며 이천 시스템은 250분으로 CATR 대비 약 70% 시간 단축이 되는 것을 확인하였다. 또한 나주 구축 시스템은 약 41분으로 CATR 대비 약 95% 시간 단축 결과를 얻었다. 해당 결과는 2022년도 3GPP RAN4 표준단체에 기고하여 작업아이템(WI)으로 승인되어 향후 다시 논의하기로 하였다.

  현재 개발된 고속측정시스템은 총방사전력 고속측정에 한정되어 있기 때문에, 국내표준 전체 인증항목을 측정할 수 있는 '기술개발 고도화' 사업이 2023년도부터 진행될 예정이다. 향후 개발되는 고속측정시스템 및 측정방법에 대해 3GPP 등 국제표준문서에 등재하고 국내기업에 관련 기술을 이전하여 산업화를 추진할 계획이다.

참 고 문 헌

[1] 김강욱 외. "신기술적용안테나 고속측정 기술개발 최종보고서" 2021.12.

[1] Jeong, Min-Joo, et al. "Validation of Compact-Standard Antenna Method for Antenna Calibration above 1 GHz." Journal of Electromagnetic Engineering and Science 19.2 (2019): 89-95.

[2] IEEE Std 1720, "Recommended Practice for Near-Field Antenna Measurements", 2012.

[3] https://www.netmanias.com/ko/post/reports/11502/5g/global-5g-status-1-5g-standardization.

[4] Gammel, P., et al. "5G in perspective: a pragmatic guide to what's next." White Paper. Available online: http://www. skyworksinc. com/Products_5G_Whitepaper. aspx (2017).

[5] 세계 각국의 5G 현황 분석 (1) - 5G 표준화 현황:

[6] 이승윤 외. "5G 안테나 기술 동향." 전자파기술 29.2 (2018): 3-15.

[7] 기지국 OTA 측정 방법:

[8] 3GPP TR 38.104 v15.5.0 "Base Station (BS) radio transmission and reception(Release 15)", 2019

[9] 3GPP TR 38.803 v14.2.0 "Radio Frequency (RF) and co-existence aspects (Release 14)", 2017

[10] "Way forward on NR UE RF requirements," R4-1610620, 2016, Qualcomm.

[11] 변정욱 외. "5G NewRAT 디바이스의 RF 시험방안 및 측정기술 동향." 한국통신학회 학술대회논문집 (2017): 752-753.

[12] 장재현, "3GPP 제 82차 TSG 무선기술총회," TTA 저널 181 (2019): 110-113.

[13] OTA in-channel selectivity:

[14] https://itectec.com/spec/5g-nr-bs-radiated-receiver-characteristics-ota-in-channel-selectivity/

[15] "OTA test metrics and testability for 5G mmW UE," R4-1703301, 2017, LG Electronics.

[16] Gustafsson, Mattias, Tommi Jämsä, and Mats Högberg. "OTA methods for 5G BTS testing—Survey of potential approaches." 2017 XXXIInd General Assembly and Scientific Symposium of the International Union of Radio Science (URSI GASS). IEEE, 2017.

[17] Buonanno Anielloet al. "Reducing complexity in indoor array testing." IEEE transactions on antennas and propagation 58.8 (2010): 2781-2784.

[18] 3GPP TR 38.810 v16.2.0 "NR Study on test methods(Release 16)", 2019.

[19] "TP to TR 38.810 - Reverberation Chamber Alternative Test Method," R4-1803412, 2018, Bluetest.

[20] "NFM without Near-to-Far Transform in mmWave," R4-1803870, 2017, Anritsu.

[21] Balanis, Constantine A. Antenna theory: analysis and design. John wiley & sons, 2016.

[22] Kim, youngryoul, "3GPP 5G NR RAN4 Update and mmWave OTA test," Keysite, 2019

[23] Pannala, Suma G. "Feasibility and Challenges of Over-The-Air Testing for 5G Millimeter Wave Devices." 2018 IEEE 5G World Forum (5GWF). IEEE, 2018.

[24] Jari Vikstedt. "Introduction of 5G Over-the-Air Measurements." 2018 IEEE Asia-Pacific Conference on Antennas and Propagation (APCAP). IEEE, 2018.

[25] 변정욱 외. "3GPP RAN UE RF 시험방법 표준화 동향." 한국통신학회 학술대회논문집 (2018): 444-445.

[26] 3GPP TR 38.141-1 v15.1.0 "NR Base Station (BS) conformance testing Part 1: Conducted conformance testing (Release 15)", 2019

[27] 3GPP TR 38.141-2 v15.1.0 "NR Base Station (BS) conformance testing Part 1: Radiated conformance testing (Release 15)", 2019

[28] https://www.ecnmag.com/article/2018/09/overview-3gpp-defined-ota-testing-methodologies-5g-devices

[29] KS X 3271, "5G NR(New Radio) 이동 통신 무선 설비 복사 시험 방법", 2019.

[30] 3GPP TR 37.842 v13.2.0 "Evolved Universal Terrestrial Radio Access (E-UTRA) and Universal Terrestrial Radio Access (UTRA Radio Frequency (RF) requirement background for Active Antenna System (AAS) Base Station (BS) (Release 13)", 2017.

연구책임자 : 박 정 규(국립전파연구원)
연 구 원 : 임 종 혁(국립전파연구원)
　　　　　　이 태 형(국립전파연구원)
　　　　　　최 　 솔(국립전파연구원)
　　　　　　박 하 연(국립전파연구원)

안테나 고속측정시스템 유효성 검증 연구

초판 인쇄　2024년 12월 01일
초판 발행　2024년 12월 05일

저　자 국립전파연구원
발행인 김갑용

발행처 진한엠앤비
주소 서울시 서대문구 독립문로 14길 66 205호(냉천동 260)
전화 02) 364 - 8491(대) / 팩스 02) 319 - 3537
홈페이지주소 http://www.jinhanbook.co.kr
등록번호 제25100-2016-000019호 (등록일자 : 1993년 05월 25일)
ⓒ2024 jinhan M&B INC, Printed in Korea

ISBN　979-11-290-5699-3　(93560)　　　[정가 10,000원]

☞ 이 책에 담긴 내용의 무단 전재 및 복제 행위를 금합니다.
☞ 잘못 만들어진 책자는 구입처에서 교환해 드립니다.
☞ 본 도서는 [공공데이터 제공 및 이용 활성화에 관한 법률]을 근거로 출판되었습니다.